book@web

christiane **gierke**

persönlichkeits-
marketing

GABAL

Die Deutsche Bibliothek verzeichnet diese Publikation in der Deutschen Nationalbibliografie; detaillierte bibliografische Daten sind im Internet über http://dnb.ddb.de abrufbar.

ISBN 3-89749-510-4

Projektmanagement:
Ute Flockenhaus, Fischerhude
Lektorat:
Dr. Reiner Gosmann, Soest (www.learning-concepts.de)
Art Direction, Design und Satz:
KOEMMET Agentur für Kommunikation, Wuppertal (www.koemmet.com)
Druck und Bindung:
Salzland Druck, Staßfurt

Aktuelles und Nützliches für Beruf und Karriere finden Sie unter www. gabal-verlag.de – More success for you!

book@**web** – **More success for you!**

In der Reihe **book@web** erscheinen junge Karriereratgeber zu
aktuellen Businessthemen mit eigener Internetanbindung.

Zu jedem **book@web**-Buch gibt es unter **www.book-at-web.de**
einen kostenlosen Workshop, in dem Sie Ihr Wissen aktiv trainieren
und sich mit anderen Teilnehmern austauschen können.

Ihr Buchschlüssel für den **book@web**-Workshop lautet: **Intelligenzen**

**b@w Dieses Signet kennzeichnet auf den folgenden Buchseiten
die Workshop-Themen im Internet.**

Sie haben auch an anderen **book@web**-Themen Interesse, aber
keinen Zugang zum geschlossenen Bereich unserer Homepage?
Kein Problem! Auch außerhalb der geschlossenen Sites gibt es für
alle Interessenten viele nützliche Informationen und Services zum
Themenbereich Beruf und Karriere. Dazu gehören Diskussionsforen,
Newsletter, Bücher, Glossar, Seminare und zum Schnuppern ein
Demo-WBT. Sobald Sie registriert sind, stehen Ihnen alle
Funktionen unserer Business-Community frei zur Verfügung.

Wir freuen uns auf Sie und wünschen Ihnen viel Erfolg!

Ihr **book@web**-Team

Raus aus der grauen Masse! Sie gehören nicht zum Typ, der stromlinienförmig und angepasst durchs Leben und durch die Businesswelt schwimmt. Zu allem »Ja und Amen« sagen? Das ist nicht Ihr Ding. Sie sind nicht austauschbar und lassen sich nicht von Ihren Zielen abbringen. Soweit die Theorie – doch die Praxis macht es einem nicht immer leicht, tatsächlich in jeder Situation einen professionellen Auftritt zu wahren. Fundiertes Fachwissen im (Arbeits-) Leben ist dabei nur die halbe Miete. Auf der Gewinnerseite ist derjenige, der vor allem mit seiner Persönlichkeit überzeugt. Der den vielschichtigen Anforderungen im Geschäftsleben souverän gewachsen ist und dabei absolut authentisch bleibt. Der seine persönlichen Stärken kennt und sich marktgerecht zu positionieren weiß. Keine Frage, dass dies nicht immer einfach ist.

Ein Patentrezept nach Schema F ist hier nicht gefragt. Vielmehr stehen Sie in Ihrer Individualität im Zentrum. Nicht Manipulation, sondern Ganzheitlichkeit. Keine plumpen, aufgesetzten Verhaltensregeln, sondern nachhaltiges Lebenskonzept. Hier geht es nicht um penetrante »Hoppla-jetzt-komm-ich-Mentalität«, sondern um wahre »I-dentity«.

Dieses Buch gibt Ihnen pointiert und kompetent die richtigen Instrumente an die Hand, wie Sie mit fokussiertem Persönlichkeitsmarketing Ihrer unverwechselbaren Identität gerecht werden und sich zielsicher im Markt platzieren.

Die Werbetrommel in eigener Sache zu rühren, muss nicht mit dem Ruch der Anstößigkeit behaftet sein, wenn Ihr Persönlichkeitsmarketing Herz, Hirn und Humor hat. Hier erfahren Sie wertvolle Impulse, um Ihre Intelligenz(en) nachhaltig zu entwickeln. Um Ihre Kernkompetenzen nachhaltig zu stärken und diese zu kommunizieren. Zielgenaue Übungen und praxisorientierte Checklisten helfen, frische und solide Perspektiven für Arbeit und Leben zu entwickeln.

Frei von leeren Floskeln und nichts sagendem Marketingvokabular zeigt Ihnen Christiane Gierke, selbst mit ihrer wachsenden Marketing-Agentur außergewöhnlich erfolgreich, konkrete Wege zur

effizienten und profitablen Positionierung am Markt. Wer authentisch ist, überzeugt! Und ist raus aus der grauen Masse.

Mit Persönlichkeitsmarketing Ihrer I-dentity zum »Unternehmen
Erfolg«.

Ich empfehle es voll Überzeugung – die Idee wie dies Buch!

Hermann Scherer
Unternehmen Erfolg
www.scherer.us

Liebe Leserinnen und Leser,

Sie sind ...

- gerade auf der Suche nach dem Job, der Sie für die nächste Zeit glücklich machen wird ... als Einsteiger, Umsteiger oder Aufsteiger
- interessiert daran, Ihre nächsten Karriereschritte so zu planen, dass das Ganze einen Sinn ergibt
- Hochschulabsolvent, Fachhochschüler, ambitionierter Lehrling oder Meisterschüler
- selbstständig, freiberuflich ... eine Einzelfirma oder Ich-AG
- Existenzgründer ... oder planen ein Start-up
- in der Überlegung, aus Ihrer momentanen Situation »auszusteigen« und sich anders zu positionieren, stärker selbst zu verwirklichen – und wollen dabei nicht weniger, sondern eher mehr verdienen?

... dann wird Persönlichkeitsmarketing Sie voranbringen! Und dann ist dieses Buch richtig für Sie!

Dieses Buch macht Ihnen viele Ideen-Angebote. Bei einigen werden Sie vielleicht denken: »Wo komme ich denn da hin?« Da kann ich Sie nur einladen, dem Gedanken zu folgen, um zu sehen, wo Sie da hinkommen. Meist ist es weiter als da, wo Sie jetzt sind.

Einige Modelle werden Sie weit führen und weit in die Zukunft begleiten – wenn Sie das möchten. Bedienen Sie sich aus dem Angebot an Strategien und Erfolgsmodellen – und passen Sie sie an Ihre aktuelle Situation an. Alle Strategien bauen modulartig aufeinander auf, d. h., Sie können sich einzelne Module und Ideen herausgreifen, die gerade in der aktuellen Situation Ihre Zielsetzung voranbringen werden. Jede(s) wird funktionieren.

Sie können dieses Buch auch als Ihren langfristigen Begleiter betrachten, denn einige der Module »für Fortgeschrittene« werden Sie länger einsetzen – strategische Ausrichtungen sind grundlegend und nicht kurzfristig. Daher ist es umso wichtiger, dass sie auf Ihrem UREIGENsten Wertesystem, auf Ihren persönlichen Zielen, auf Ihrer zur I-dentity entwickelten, authentischen Persönlichkeit beruhen.

Zwei Dinge will ich Ihnen noch wünschen – und ich weiß, dass sie eintreten werden:

Viel Spaß beim Aufbau Ihrer I-dentity

... und viel Erfolg mit Persönlichkeitsmarketing!

Christiane Gierke

Gerne stehe ich für Ihre Fragen, Ideen und Meinung zur Verfügung:

www.text-ur.de

www.persoenlichkeitsmarketing.de

Pre-Phase: Markt-faktor I-dentity – das ist Persönlichkeitsmarketing

»Eine Persönlichkeit ist der Ausgangspunkt und Fluchtpunkt alles dessen, was gesagt wird, und dessen, wie es gesagt wird.«
Robert Musil (1880–1942), österr. Dramatiker, Erzähler und Essayist

Warum lieben Tausende von Menschen ein kleines französisches Auto, das aussieht, als ob es große Augen hätte? Ist es ein so viel besseres Auto als die anderen? Nein. Es wird geliebt, weil es einen anguckt wie ein Mensch; es hat Persönlichkeit. Warum haben Zehn-tausende von Menschen heiß und ewig lang ein piependes Stück Plastik namens Tamagotchi gehätschelt und gepflegt? Ist es kostba-rer als anderer Elektrospiel-Schnickschnack? Nein, es hat Persön-lichkeit. Was ist mit Furby, CyberDog, Santa Claus, Osterhase, Milka-Kuh, Bärenmarke-Bär, Hush Puppies usw.?

Was macht sie so besonders? Es sind nur Produkte, Symbole und Marketingstrategien. Es sind eigentlich marktkonforme Produkte, die in Massen hergestellt und genutzt werden, und doch heben sie sich auf emotionale Weise aus dem Markt hervor.

Sie sind in besonderer Weise »aufgeladen«. Sie sind »aufgeladen« mit Persönlichkeit. Es sind nur Dinge, und doch wird ihnen eine »Persönlichkeit« mit offensichtlich einer Reihe positiver Eigenschaf-ten zugeschrieben. Eine Persönlichkeit, die Sympathie erweckt, die sie aus der Masse heraushebt, die ständig selbst für sich wirbt.

Persönlichkeitsmarketing
– authentisch zu mehr Berufserfolg

► Natürlich ist »Persönlichkeit« nicht der einzige Grund, warum diese Produkte, Marken und Symbole erfolgreich sind – erfolgreiches Marketing ist wie jeder Erfolg niemals monokausal. Doch betrachten wir die Frage »was macht auf einem Markt erfolgreich«, und dazu gehört auch der berufliche Erfolg, so zeigt sich offensichtlich eine Faktorenkette: Persönlichkeit = Besonderes (auch unter Gleichen) = positive Emotion = »Habenwollen«.

//Der Trend geht weg von der Gleichförmigkeit

Gleichförmigkeit bestimmt die Wirtschaft in weiten Teilen und vielen Aspekten: Gleichförmige Artikel = Massenartikel lassen sich günstig produzieren und immer gleich einsetzen. Massenartikel sind (preis)günstig, genormt und funktionieren in voraussehbarer Weise – geniale Impulse indes wird man von ihnen eher weniger erwarten können.

Gleichförmigkeit bestimmt zu großen Teilen auch noch die Personalpolitik in Unternehmen, die optimal angepasste Bewerber, Trainees und Mitarbeiter (im Sinne von »Massenartikel« oder »massenkonforme Artikel«) selektiert. Und belohnt, also befördert. Unter »optimal angepasst« wird dabei eher die Subordination unter hierarchische Strukturen und in vorgefertigte Erwartungsfelder verstanden, weniger noch die Flexibilität als Merkmal des in den Stärken seiner Persönlichkeit gefestigten Menschen, des Mitarbeiters, Bewerbers.

Doch ein Umkehrtrend deutet sich bereits an: Immer öfter hört man von Personalern, dass sie sich weniger smarte ICHlinge wünschen, die sich als gestylte Produktmarke begreifen und sich mit Marketingvokabular verkaufen, sondern mehr (soziale und emotio-

nale) Kompetenzen, da diese entscheidend sind für Führungsperso-
nen. Persönlichkeiten mit außergewöhnlichem Format – statt Personal mit gewöhnlicher Form!

I-dentity – mit **EIGEN-HEIT** erfolgreich sein

► Kurz: Die heute noch geforderte oder zulässige Gleichförmigkeit
wird sich in Zukunft immer weiter auflösen, denn die »Marktbe-
dingungen« für junge aufstiegswillige und ältere wechselwillige
Arbeitnehmer, High Potentials, Firmengründer und Freiberufler
ändern sich dramatisch – in doppelter Hinsicht:

01. Der Markt wird härter. Arbeitnehmer wie Selbstständige werden im-
    mer schneller, immer früher im Unternehmen oder auf dem Markt
    Verantwortung übernehmen (müssen), auch Führungsverantwortung.
    Sie werden schneller und »unbarmherziger« an ihren Erfolgen gemes-
    sen. Und schneller abgestraft werden.
02. Die Themen werden weicher: Gleichzeitig sind zu Beginn des 6. Kon-
    dratieff-Zyklus folgende Trends zu beobachten: Die Gesellschaft hat
    ein gesteigertes Bedürfnis nach Gesundheit, Individualisierung, Well-
    Being, Anti-Aging, Cocooning etc.

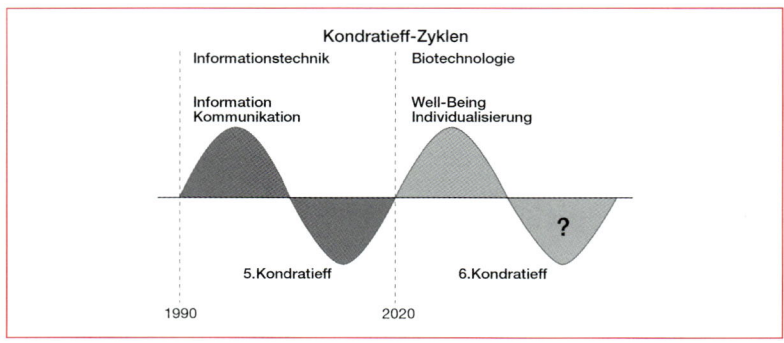

Und es ist keine gewagte These: Dieser Trend der stärkeren Individualisierung und des »In-Sich-Wohlfühlens« wird sich unterstützend auf das Konzept der I-dentity auswirken! Betrachten Sie sich damit ruhig schon mal als Vorreiter!

Kondratieff-Zyklen

Aus der Beobachtung von Zeitreihen wirtschaftlicher Indikatoren leitete der Ökonom Nikolai Kondratieff in den Zwanzigerjahren des vorigen Jahrhunderts den Schluss ab, dass die wirtschaftliche Entwicklung in den Industriestaaten in Wellen erfolgt. In diesen Perioden, sie dauern zwischen 40 und 60 Jahre, wechseln Aufschwung- und Abschwungphasen ab. In diesen Rezessionsjahren werden meist wichtige Basisinnovationen entwickelt, die eine neue Phase einläuten.

Das ist zunächst natürlich nur eine Theorie, da erst vier von sechs Wellen abgeschlossen sind und es auch unterschiedliche Schwingungsbreiten gibt.

//Gestiegene Anforderungen an (Selbst-)Führungskompetenz

Jetzt könnte man annehmen, dass sich diese beiden Trends in ihren Anforderungen diametral gegenüberstehen. Das werden sie in gewissen Bereichen auch tun. Aber sie bedeuten eines ganz gewiss und da verstärken sie sich: Sie werden künftig noch viel stärkere persönliche, soziale und Führungskompetenzen benötigen als jetzt!

Gleichförmigkeit und Angepasstheit als Kernkompetenzen (»Kardinaltugenden«) des einzelnen Marktteilnehmers (egal, ob Festangestellter oder Freiberufler) gehören dem »alten Paradigma« an. Jetzt ist I-dentity statt marktkonform ausgerichtete »Ich-Marke« gefragt!

Bislang (»altes Paradigma«)	Der Wandel (»neues Paradigma«)
Hierarchische Organisation von Wirtschaft und soziopolitischem System: Hierarchie bedeutet etymologisch: »heilige Ordnung«.	Enthierarchisierung -> veränderte Marktbedingungen: Innovation, Kreativität, Entrepreneurship, Markenbewusstsein (unter Persönlichkeitsaspekten), Innovation, geistige Flexibilität etc.
Karriere/Berufserfolg konnte bei optimal angepasstem Verhalten »ersessen« werden.	Karriere wird befördert durch Investment in sich selbst.
Karrierevoraussetzung = optimale Angepasstheit	Karrierevoraussetzung = authentische Stärken + Arbeit an Schwächen
Vereinzelt	Vernetzt
Zugespitzt: »Ich-Marketing«: Die Persönlichkeit ordnet sich der Marke unter.	»Persönlichkeitsmarketing«: Die Marke ordnet sich der Persönlichkeit unter.
Marken-Menschen sind bedingt erfolgreich, weil sie mögliche Abweichungen zwischen Marke und Inhalt in Kauf nehmen müssen und teilweise als »aufgesetzte Karrieristen« empfunden werden. »Ich mache alles richtig« – diese Menschen mögen wenige.	Persönlichkeits-Menschen sind unabänderlich (nahezu zwanghaft) erfolgreich, weil sie eine authentische Marke sind und auch so empfunden werden. Er-folg: er-folgt auf Tun. »Ich kann und bin so richtig« – diese Menschen überzeugen (auch in der Wirtschaft) von alleine.

I-dentity: PowerPersönlichkeit mit Werten   b@w

Um persönliche Ziele (Karriereziele, Lebensziele) erfolgreich leben zu können, braucht es ein starkes Eigen-Konzept: die I-dentity.

- I steht für ICH (»I«) = der Selbstdefinition der eigentlichen Werte
  (»inner beliefs«)
- I steht für Intelligenz (»intelligence«) – und zwar für ganzheitliche
  (ab Seite 43)
- I-dentity = Identität: hat einen ganzheitlichen Ansatz, der auch
  Authentizität, Eigenheit, Individualismus, Kompetenzen, Intelligenzen
  und emotionale wie soziale Aspekte der Persönlichkeit umfasst

---

I-dentity:

- Die authentische, mit Ihren inneren Werte identische Persönlichkeit
  entwickeln rsp. stärken
- Kernkompetenzen stärken zum Expertenstatus
- Potenziale (Kompetenzdefizite) entwickeln
- Unter Sinn-Aspekt: Welchen Sinn bringe ich in den Markt, und
  welchen Sinn kann ich für mich erhalten.

Und wie diese entwickelte Identität im Markt strategisch positioniert wird – schließlich ist dies ein Marketing- und kein Märchen-
buch –, das ist Persönlichkeitsmarketing.

Persönlichkeitsmarketing: Kommunikation über I-dentity

»Bei den Erfolgsmenschen ist meist der Erfolg größer als die Menschlichkeit.«
Daphne du Maurier (1907–1989), engl. Schriftstellerin

► Genau an dieser Stelle wird sich Ihre I-dentity im erfolgreichen Persönlichkeitsmarketing unterscheiden: Erfolgsmenschen mit Menschlichkeit.

Persönlichkeitsmarketing

- Ist ein »achtsames Marketingmodell«
- Beruht auf der Kommunikation der entwickelten I-dentity nach außen
- Definiert Ziele, die nach einiger Zeit überprüft werden
- Ist auf langfristigen Erfolg unter spezifischer Erfolgsdefinition hin angelegt (Perpetuierung)
- Bedarf einer PowerPersönlichkeit, die bewusst wert-volle Ziele angeht
- Nutzt das funktionierende strategische Marketinginstrumentarium

---

Auf dem immer härter umkämpften Arbeitsmarkt, aber auch unter Freiberuflern und Gründern, wird es ohne Persönlichkeitsmarketing in Zukunft nicht mehr (gut) gehen. Wer sich nicht sichtbar macht, der wird übersehen. Wer sich nicht hörbar macht, von dem wird man bald nichts mehr hören. »Publish or perish« – veröffentliche oder du verschwindest – hieß es schon immer wenig zartfühlend auf dem Wissenschaftsmarkt.

Weder Ihr Unternehmen noch der Markt hat eine Holschuld, sich zu informieren, was gerade SIE so besonders macht, was Sie besonders gut können, was Sie dem Markt und dem Unternehmen

Besonderes geben können. Sie haben da eine Bringschuld. Auf Dauer werden Sie auch nicht still und ruhig im Turmzimmerchen Ihres Unternehmens sitzen bleiben können und sich vom zwar kargen, aber regelmäßigen Essen ernähren, das man Ihnen zugesteht. Auf Dauer kommt der dicke König oder der schlanke Unternehmensberater und schmeißt sie raus.

Spätestens dann packen Sie schleunigst Ihre Kenntnisse und Kompetenzen in ein Säckchen, machen einen Marktstand auf und bieten Ihr Können feil.

SIE aber als aktive PowerPersönlichkeit tun das schon vorher, als Investition in Ihre Berufsbiografie und in Ihre eigene Zukunft.

Berufsbiografie: Vom Woher zum Wohin

► »Berufsbiografie« heißt zunächst mal: »Ich ziehe Bilanz – für mich ... und für ein Unternehmen, in dem ich künftig einsteigen oder aufsteigen will.« Insofern sind es die »Hausaufgaben«, die jeder Bewerber macht. In der Berufsbiografie versammeln Sie alle wichtigen Argumente, die für Sie als Bewerber oder Markteinsteiger sprechen. Dort sammeln Sie

- alle jobrelevanten Informationen und Aussagen über sich,
- Ihre Ausbildung,
- Ihr Können und
- Wissen sowie
- Referenzen und Belege über Ihr Können.

Die Berufsbiografie ist wie der Business-Plan für Existenzgründer.

//Förderliche Glaubenssätze

Berufsbiografie: Das heißt im Rahmen des Persönlichkeitsmarketings aber auch, Ihre beruflichen Ziele zu formulieren und Ihre Lebensbiografie mit beruflichen Erfolgsschritten zu verknüpfen. Erfolgsschritten, die Sie erleben wollen. Die Sie erleben können, wenn Sie sie in Ziele umsetzen. Ziele, die Sie erreichen können, wenn Sie sich die Kompetenzen dazu verschaffen und auch das Selbst-Bewusstsein. Dazu müssen Sie aber befördernde Unterstützer erkennen und nutzen.

Glaubenssätze fangen oft mit »ich bin« und »ich kann« beziehungsweise »ich bin nicht« oder »ich kann einfach nicht« an, z. B.:

Förderliche Glaubenssätze	Hinderliche Glaubenssätze
Das ist mein spezielles Talent!	Das hab ich noch nie gekonnt.
Ich weiß, dass ich so was schaffen kann./Ich hab das schon mal geschafft.	Das würde ich mich nie trauen.
Ich bin echt Klasse in ...	Das ist nichts für mich!
Das fällt mir leicht!	Das ist nicht mein Ding!
Natürlich hab ich verdient, was ich erreiche; ich hab ja auch dafür gearbeitet.	Das hab ich eigentlich nicht verdient.
Früher hat mir xy immer so viel Spaß gemacht./Sport hat mir schon immer viel Spaß gemacht.	Ich war schon der Schule schlecht in Mathe.

Förderliche Glaubenssätze	Hinderliche Glaubenssätze
Ich hab schöne Augen/Beine/ Haare/ein strahlendes Lächeln/ eine gute Ausstrahlung.	So attraktiv werde ich nie sein./Ich bin viel zu dick.
Geld haben ist etwas Feines.	Eigentlich hab ich kein Verhältnis zum Geld.
Menschen mögen mich einfach.	Mich kann man doch nicht lieben.
Ich geh gern mit Menschen um.	Ich hasse es, vor vielen Menschen sprechen zu müssen.
Mit Humor geht alles leichter.	Ich kann einfach kein Maß halten.

Übung: Nehmen Sie sich eine ruhige Minute Zeit. Machen Sie sich   b@w
Ihre jeweils fünf wichtigsten Glaubenssätze klar. Beenden Sie die Übung
auf jeden Fall mit einem förderlichen Glaubenssatz im 2. Abschnitt –
denn der »letztbedachte« bleibt am stärksten hängen und wird Sie über
den Tag begleiten.

Meine Glaubenssätze, die mich behindern:

01. _____

02. _____

03. _____

04. _____

05, _____

Meine Glaubenssätze, die mich fördern:

01. _____

02. _____

03. _____

04. _____

05, _____

Keine Frage, was Sie jetzt tun werden: Ihre unterstützenden Glaubenssätze für Ihr Persönlichkeitsmarketing nutzen und Ihre hinderlichen Glaubenssätze in positive Ziele umwandeln. Dazu mehr im Internet-Workshop zu diesem Buch.

Vom Wollen zum Können

► Und dann gibt's da noch die »Wolltes«. Das sind mögliche Erfolgswünsche, die uns viel Antrieb geben können – wenn sie denn mit unserer Zielhierarchie und unseren Werten zu tun haben: »Ich wollte, ich würde mich trauen, in Konferenzen auch auf Englisch zu antworten.« »Ich wäre so gern schlagfertiger.« »Ich hätte so gerne mehr Ausstrahlung und würde überzeugender wirken.«

Das eine ist Können, das können Sie erwerben. Das andere sind Qualitäten, die charismatisch sind. Charisma ist eine stark berührende und überzeugende Ausstrahlung – die Menschen nur haben, wenn sie mit sich, Ihren Werten und Überzeugungen im Reinen sind, diese weitestgehend leben und umsetzen können. Vielleicht eine der Qualitäten, die wir am meisten wollen – die wir aber nur über gewisse Wege erreichen können. Vor allem den, sich der Motivatoren, die einen steuern, bewusst zu werden und sie zu balancieren.

► **Perltaucher: Persönliche Ziele entwickeln**

»Ich bin, was ich bin, weil ich getan habe, was ich getan habe.«
Elia Kazan (*1909), amerik. Filmregisseur und -produzent

► Um Ihre interessante Persönlichkeit und Ihr Charisma zu entwickeln, tauchen Sie nach den Perlen, die Sie in Ihrem Leben schon gesammelt haben. Perlen, das steht hier für die Dinge und Werte, die Ihnen wirklich wichtig sind. Gerade Menschen, die so bewusst mit sich und ihrem Leben umgehen, wie Sie dies offensichtlich tun (sonst würden Sie dieses Buch nicht lesen), haben oft sehr viele Perlen. Gerade sie setzen sich damit oft hohe Maßstäbe, denen sie gerecht werden, und viele Ziele, die sie erreichen wollen. Ziele, die sie mit smartem Persönlichkeitsmarketing auch (leichter) erreichen werden.

Lebensziele und Berufsziele

► Ziele sind vielleicht die einzigen wirklichen Perpetua mobilia, denn sie bilden die Motoren ihrer (eigenen) Umsetzung. Sie tragen quasi die Kraft zu ihrer Erfüllung in sich, da sie Sie motivieren, all Ihre Kraft dafür aufzubringen, zu sammeln und zu bündeln. Wenn es die richtigen Ziele sind, d. h., wenn es »wert-volle« Ziele sind. Wenn es Ziele sind, die Sie wirklich im Innersten erreichen wollen – weil sie mit dem übereinstimmen, was Sie wirklich wollen.

//Persönliche Ziele und persönliche Werte sind kongruent

Kurz: Persönliche Ziele beruhen auf persönlichen Werten. Wenn Sie sich – beruflich oder privat – Ziele setzen, die nicht mit Ihren innersten Wertvorstellungen übereinstimmen, dann werden Sie nur schwer die Kraft aufbringen, diese zu erreichen. Oder Sie werden sie erreichen und dann womöglich nicht glücklich über den Erfolg sein. »Mögen all deine Wünsche wahr werden« ist deshalb ein alter chinesischer Fluch. Denn was Menschen sich wünschen und was sie wirklich erreichen sollten, um ihrem »inneren Weg« zu folgen und um ihren inneren Einstellungen und Werten zu leben, differiert häufig.

Wer kennt nicht die Geschichten von ausgebrannten Jungmanagern, die in kurzer Zeit viel Geld verdient, tolle Autos gekauft, schöne Frauen geheiratet, große Häuser gebaut ... und dann tiefe Krisen durchlebt haben. Sinnkrisen. Klar! Denn wenn diese Dinge nicht den eigentlichen (in dem Sinne, dass sie dem Menschen nicht wirklich »eigen« sind) Werten entsprechen, wird ihr Erlangen auch nicht als glücklich machender Erfolg empfunden.

Erfolg heißt einfach, die richtigen Ziele zu erreichen. Die richtigen Ziele sind die, die mit Ihren persönlichen Werten in Übereinstimmung stehen.

//Sind Sie sich Ihrer innersten Beweggründe bewusst?

Obwohl also diese Werte die innersten Beweggründe jedes Menschen sind, scheinen sich die wenigsten dieser Werte bewusst zu sein. Machen Sie selbst den Test: Können Sie spontan die drei Werte nennen, die Ihnen in Ihrem Leben am wichtigsten sind? Falls nicht, dann ist die folgende Übung richtig für Sie – ausführliches Arbeitsmaterial und Übungen dazu finden Sie im Internet-Workshop zu diesem Buch.

Übung: Stellen Sie eine Liste der zehn Werte auf, die Ihnen für Ihr
Leben wirklich wichtig sind. Nehmen Sie sich mindestens 20 Minuten
Zeit dafür, denn es ist wirklich viel schwieriger, als es klingt. Achten Sie
darauf, Worte zu nutzen, die grundlegende Werte und Geisteshaltungen
ausdrücken – also nicht: »ein schönes Leben haben«, sondern »Freiheit,
Anerkennung, Begeisterung, Disziplin, Verlässlichkeit, Macht, Toleranz
etc.«. Es geht in dieser Aufstellung nur um Sie selbst, nehmen Sie keine
Rücksicht auf vermutete Ansprüche der Familie oder der Gesellschaft
an sie. Ganz wichtig: Bewerten Sie diese Werte nicht nach »erwünscht«,
»besser oder schlechter« oder »unerreichbarer Wunschtraum«. Wenn
Frieden für Sie ein Wert ist, dann schreiben Sie ihn auf.

Meine zehn wichtigsten Werte für mein (privates) Leben:

01. _____   06. _____

02. _____   07. _____

03. _____   08. _____

04. _____   09. _____

05. _____   10. _____

Stellen Sie jetzt eine zweite Liste von zehn Werten auf, die Ihnen
in beruflicher Hinsicht wichtig sind. Machen Sie sich dabei frei von
Vermutungen nach dem von Ihrem jetzigen oder künftigen Arbeitgeber erwünschten Wertesystem und von dem, »was der Markt verlangt«. Seien Sie auch hier möglichst präzise, indem Sie grundlegende Vokabeln suchen wie »Abwechslung, Gerechtigkeit, Kompetenz,
Führung, Kreativität, Teamgeist, Gestaltungsfreiheit, Freizeit, Tradi-
tion, Prestige, Pünktlichkeit etc.«. Sie sollten sich auch für diese
Aufstellung mindestens 20 Minuten Zeit nehmen.

Meine zehn wichtigsten Werte für mein berufliches Leben und meine Arbeit:

01. _____   06. _____

02. _____   07. _____

03. _____   08. _____

04. _____   09. _____

05. _____   10. _____

Gleichen Sie diese beiden Listen miteinander ab. Finden sich Werte gleichermaßen auf beiden Listen? Finden sich widersprechende Werte? Wenn Ihnen im privaten Leben die Familie ein wichtiger Wert ist, im beruflichen Leben aber Abwechslung, Freiheit oder Wettbewerb, kann das auf einen Wertekonflikt hindeuten.

Stellen Sie jetzt die dritte Liste auf. Nehmen Sie dabei die Perspektive des Unternehmens ein, für das Sie arbeiten oder arbeiten möchten. Wenn es eine schriftliche Unternehmensphilosophie hat, dann wird diese mit größter Wahrscheinlichkeit eine ganze Reihe von Unternehmenswerten umfassen. Auch Stellenanzeigen und Imagebroschüren lassen gute Rückschlüsse auf das Wertesystem des Unternehmens zu. Berücksichtigen Sie speziell Werte, die an Ihrem Arbeitsplatz gefordert sind, etwa Leistung, Selbstständigkeit, Zurückhaltung, Effektivität, Effizienz, Beharrlichkeit, Kontrolle. Fügen Sie gegebenenfalls die Werte hinzu, die Ihre spezielle Branche oder Ihr Markt erwartet, etwa Flexibilität, Serviceorientierung, Diplomatie, Seriosität, Reiselust, Innovation, Schnelligkeit etc. Achten Sie darauf, dass Sie wirklich Werte bezeichnen, und nicht etwa Fähigkeiten und Wissensbeschreibungen oder erwünschte Verhaltensweisen.

Die zehn wichtigsten Werte aus Sicht meines (künftigen) Arbeitgebers:

01. _____   06. _____

02. _____   07. _____

03. _____   08. _____

04. _____   09. _____

05. _____   10. _____

//Wertesysteme sind auf Erfolg hin angelegt

Wenn Sie jetzt die Ergebnisse der Listen abgleichen, dann werden Sie sich vermutlich erst einmal wundern. Aus der Erfahrung mit der »Wertearbeit« kann man sagen, dass die meisten Menschen nahezu erstaunt darüber sind, was ihnen wirklich wichtig ist – und was sie bisher vielleicht mehr oder minder von anderen übernommen haben, wohin sie sozialisiert worden sind und welche Wertesysteme sie als »passend« oder »positiv sanktioniert« empfunden haben. Denken Sie daran, dass Werte nicht »gut« oder »schlecht« sind. Das Wertesystem Ihrer Umwelt, Ihres Partners oder Ihres Arbeitgebers ist genauso plausibel und »wahr« wie Ihres, es ist auf einen gewissen Erfolg hin ausgerichtet. Und das ist Ihres auch – vielleicht ohne dass Sie sich dessen bewusst sind –, denn Erfolg macht Freude. Und im Allgemeinen ist die menschliche Natur physiologisch und psychologisch darauf ausgerichtet, Freude zu erleben. (»The pursuit of happiness« ist in den USA daher pragmatischerweise ein verfassungsmäßiges Recht.)

//Ziele – in Aktion umgesetzte Werte

Nach dem Wundern werden Sie wahrscheinlich ins Grübeln kommen. Sie haben ein Gefühl dafür bekommen, was die Perlen in Ihrem Leben sind – und ob Sie diese leben (können). Ob Sie eine Übereinstimmung zwischen Ihren eigentlichen Werten und den gelebten persönlichen und beruflichen Zielen erleben. Oder ob Sie »Perlen vor die Säue werfen«. Ob Sie die Hierarchie Ihrer Ziele vielleicht noch einmal überdenken sollten.

Doch warum sollten Sie das tun – bisher ging es doch vielleicht auch irgendwie gut? Ganz einfach: Sie werden nur einhundertprozentige Leistung geben können, wenn Sie an das glauben (können), was Sie tun! Nur dann können Sie das Feuer der Begeisterung in sich und in anderen entfachen! Und nur dann können Sie als authentische und selbst-bewusste Persönlichkeit wahrgenommen werden – als die I-dentity, die für das Persönlichkeitsmarketing nötig ist.

Zielhierarchien entwickeln

► Um Ziele zu erreichen, müssen wir uns entscheiden. Ent-scheiden, das bedeutet auch immer, man scheidet von etwas; man zieht eine Sache, ein Ziel, einen Wert dem oder den anderen vor.

Ent-scheidungen zu fällen ist nicht immer leicht. Gerade wenn es um Zielhierarchien geht, sind Entscheidungen zwar von grundlegender Bedeutung, aber uns nur selten bewusst. Übrig bleibt ein schlechtes Gefühl – oder eben jetzt die Frage, ob man wirklich nach seinen Perlen getaucht hat.

//Hilfreiche Methoden zur Entscheidungsfindung

Um die verschiedenen Alternativen einer Entscheidung gegeneinander abzuwägen, gibt es verschiedene Methoden.

1. CAF (Consider All Facts)

Die Methode CAF von Edward de Bono eignet sich besonders dazu, die Randbedingungen einer Entscheidungssituation zu erfassen
und mit in die Entscheidung einfließen zu lassen.

Beispiel für CAF

Wenn Sie sich ein Auto kaufen wollen, gibt es bei der Entscheidung
u.a. die folgenden Faktoren zu berücksichtigen:

Marke
Einsatzgebiet des Autos
Kosten
Finanzierungsmöglichkeiten
Gebraucht oder neu?
Farbe
Verbrauch
Inländischer oder ausländischer Wagen?
PS/KW-Zahl
Größe des Wagens
Sicherheit
Extras
Sicherheitsaspekte
Folgekosten
Wie wird er meiner Frau/meinem Mann gefallen?
usw.

Nicht alle Einflussfaktoren bei CAF sind gleich bedeutungsvoll.
Sortieren Sie deshalb Ihre Liste, indem Sie die wichtigsten Einfluss-

faktoren nach oben stellen und die weniger wichtigen weiter unten anfügen. Sie können Ihre Ergebnisse des CAFs wie eine Checkliste benutzen. Bei der Entscheidung nehmen Sie Ihre Liste zur Hand und prüfen die verschiedenen Alternativen anhand der einzelnen Punkte. CAF ist auch eine gute Basis, um im Anschluss daran ein PMI durchzuführen.

2. PMI (Plus-Minus-Interesting)

... heißt die Methode, die es Ihnen ermöglichen soll, die positiven und negativen Aspekte einer Entscheidungsmöglichkeit genau zu erkennen und gegeneinander abzuwägen. Dafür richten Sie Ihre Aufmerksamkeit nacheinander gezielt für jeweils zwei bis drei Minuten erst auf die positiven und dann auf die negativen Aspekte einer anstehenden Entscheidung und schreiben das Ergebnis Ihrer Gedanken auf.

Tipp: Es lohnt sich, vorher CAF durchzuführen, damit Sie möglichst viele Einflussfaktoren der jeweiligen Entscheidung kennen und für das PMI berücksichtigen können.

Beispiel für PMI

Fragestellung: Soll ich das Jobangebot der XYZ AG als Abteilungsleiter annehmen?

Pluspunkte

+ Höheres Einkommen als bisher.
+ Mitarbeitererfolgsbeteiligung in Aktien.
+ Aufgabe ist interessanter als bisher.
+ Führungsverantwortung vorgesehen.
+ Bessere Aufstiegsmöglichkeiten.
+ Firma beruft sich auf mir wichtigen Wert: Seriosität.

Minuspunkte

- Weniger Urlaub als bisher.
- Muss mir weitere Kompetenzen erarbeiten.
- Muss mich Führungsverantwortung als gewachsen erweisen.
- Muss in eine neue Stadt ziehen.
- Mein Lebenspartner/meine Lebenspartnerin findet die Idee des Umzugs nicht gut.
- Die Kinder müssen die Schule wechseln.
- Firma beruft sich auf Werte, die meinem Wertesystem nicht entsprechen/entgegenstehen: Flexibilität und Reiselust.

PMI gibt Ihnen noch keine klare Antwort auf die Frage »Ja oder nein?«. Es dient in erster Linie dazu, Ihre Aufmerksamkeit gezielt auf die Plus- und Minuspunkte einer Fragestellung zu lenken, um sich über möglichst alle Folgen der anstehenden Entscheidung klar zu werden. Zusätzlich erhalten Sie einen Überblick über offene Fragen.

3. Das gewichtete PMI

Um eine eindeutige Antwort auf die Frage »Ja oder nein?« zu bekommen, gehen Sie wie folgt vor:

01. Bewerten Sie die einzelnen Plus- und Minusaspekte mit einer Zahl zwischen eins und sechs, je nach der Bedeutung des Aspekts. Sechs bedeutet »sehr wichtig« und eins »gar nicht wichtig«. Schreiben Sie hinter den Plus- oder Minuspunkt jeweils die entsprechende Zahl.
02. Zählen Sie alle Punkte der Plusaspekte zusammen.
03. Zählen Sie alle Punkte der Minusaspekte zusammen.
04. Ziehen Sie nun das Ergebnis der Minusaspekte von dem der Plusaspekte ab.
05. Ist das Ergebnis größer als null, heißt die Antwort »ja«, ist es kleiner als null, bedeutet das »nein«. Na, und wenn das Ergebnis gleich null ist, dann müssen Sie weitere Argumente suchen und gewichten.

Auch wenn Sie eine Entscheidungssituation haben, bei der Sie sich zwischen drei oder mehr Möglichkeiten entscheiden müssen, können Sie diese Methode nutzen: Führen Sie dazu einfach ein gewichtetes PMI für alle Alternativen durch. Wenn Sie die Plus- und die Minusaspekte aller Entscheidungsmöglichkeiten einzeln bewerten und wieder jeweils die Minus- von den Pluspunkten abziehen, dann gewinnt am Ende die Alternative mit dem höchsten Ergebnis.

b@w 4. Die Entscheidungsmatrix

Die Entscheidungsmatrix ist eine sehr rationale Möglichkeit, um eine Entscheidung zu treffen. Bei dieser Methode steht am Ende die Zielhierarchie ganz klar fest.

Als Erstes suchen Sie nach den Kriterien, die für Ihre Entscheidung wesentlich sind. Für diese Methode können Sie nur positiv formulierte Kriterien verwenden – d. h. Sie sollten für jedes Kriterium sagen können: »Je mehr von dem Kriterium, desto besser«. Beispiel: Je mehr Urlaub, desto besser, oder je mehr Gestaltungsfreiheit, desto besser. Wenn Sie positive und negative Kriterien mischen, funktioniert die Entscheidungsmatrix nicht mehr.

Nun geht es darum, für jede Ihrer Alternativen die einzelnen Kriterien zu bewerten. Dies tun Sie ähnlich dem Schulnotensystem mit Punkten von eins bis sechs. Nur ist es hier umgekehrt – sechs Punkte vergeben Sie, wenn das Kriterium bei einer Entscheidungsalternative optimal erfüllt wird, und einen Punkt vergeben Sie, wenn es gar nicht erfüllt wird.

**Beispiele für eine ungewichtete Entscheidungsmatrix: Studienfach-
wahl und Arbeitgeberwahl**

Kriterium (Wert oder Ziel)	Studienfach 1/ Arbeitgeber 1	Studienfach 2/ Arbeitgeber 2	Studienfach 3/ Arbeitgeber 3
Berufsaussicht/ Gehalt	4 / 3	2 / 6	4 / 6
Studienort/ Firmenort	2 / 4	4 / 5	5 / 2
Familiennähe/ Familiennähe	3 / 6	5 / 2	3 / 2
Auslands-semester/ Auslands-einsatz	6 / 3	4 / 4	4 / 5
...	...	...	...
SUMME	...	...	...
Beispiel 1	15	15	16
Beispiel 2	16	17	15

Sie werden nun vielleicht einwenden, dass Ihnen nicht alle Kriterien (Werte) gleich wichtig sind. Für entsprechend »wertige Entscheidungen« können Sie die Kriterien gewichten (= werten).

5. Die gewichtete Entscheidungsmatrix

Erstellen Sie zunächst eine Entscheidungsmatrix wie zuvor beschrieben. Fügen Sie nun eine weitere Spalte in Ihre Tabelle ein, in der Sie die verschiedenen Kriterien prozentual gewichten. Die für Sie wichtigsten Kriterien bekommen eine höhere Prozentzahl als die weniger wichtigen.

Beispiele für eine gewichtete Entscheidungsmatrix: Studienfachwahl und Arbeitgeberwahl

Kriterium (Wert oder Ziel)	Studienf. 1/ Arbeitg. 1	Gewichtung	Bewertung	Studienf. 2/ Arbeitg. 2
Berufs- aussichten/	4	50 %	2.00	2
Gehalt	3	45 %	1.35	6
Studienort/	2	10 %	0.2	4
Firmenort	4	5 %	0.2	5
Familiennähe/	3	10 %	0.3	5
Familiennähe	6	45 %	2.7	2
Auslands- semester/	6	30 %	1.8	4
Auslandseinsatz	3	5 %	0.15	4
...	...			...
SUMME Gewichtung	---	---		---
Beispiel 1			4.3	
Beispiel 2			4.4	

Gewich-tung	Bewer-tung	Studienf. 3/ Arbeitg. 3	Gewich-tung	Bewer-tung
50 %	1.00	4	50 %	2
45 %	2.7	6	45 %	2.7
10 %	0.4	5	10 %	0.5
5 %	0.25	2	5 %	0.1
10 %	0.5	3	10 %	0.3
45 %	0.9	2	45 %	0.9
30 %	1.2	4	30 %	1.2
5 %	0.2	5	5 %	0.25
		...		
---		---	---	
	3.1			4.0
	4.05			3.95

In diesem Beispiel wurden den einzelnen Kriterien in der Spalte Bewertung jeweils eine Wichtigkeit für die gesamte Entscheidung zugeordnet. Auch wenn Sie Kriterien (Werte/Ziele) dazufügen, muss die Summe der Spalten immer genau 100 Prozent sein – dann gewichten Sie halt feiner.

Um Ihre Kriterien zu bewerten, folgt jetzt ein bisschen Rechnen: Multiplizieren Sie die von Ihnen verteilten Punkte (1–6) mit der Gewichtung. So erhalten Sie eine gewichtete Note. Zum Schluss bilden Sie auch hier die Summe unten am Ende der Tabelle. Sie haben dann die Summe der jeweils gewichteten Noten. Wie auch bei der einfachen Entscheidungsmatrix ist die Alternative mit dem höchsten Gesamtergebnis der Gewinner. Doch nun können Sie Ihre Entscheidungen differenzierter treffen.

Tipp: Benutzen Sie eine Tabellen-Kalkulation (z.B. Microsoft Excel), die die Rechenarbeit für Sie erledigt. Damit können Sie dann auch ganz einfach neue Kriterien hinzufügen oder die Gewichtungen der einzelnen Kriterien verändern – denn der Gesamtwert darf 100 Prozent ja nicht überschreiten.

//Zielkonflikte zu Zielhierarchien auflösen

Deutlich wird in den beiden Beispielen aus den beiden Matrizen die eigentliche (innere) Be-Wert-ung der Kriterien, womit sich der Kreis zum Ausgangspunkt unserer Überlegungen schließt:

Während sich die angehende Studentin aus unserem Beispiel bei der einfachen Entscheidungsmatrix Studienfach 3 gewählt hätte, wird ihr bei der gewichteten Matrix richtig bewusst, wie wichtig ihr die Aspekte Berufsaussichten und mögliche Auslandssemester sind. Noch deutlicher bei dem hoffnungsvollen Aspiranten, der sich noch nicht sicher war, welcher potenzielle Arbeitgeber der beste für ihn sei. Bei ihm hat ganz klar die Gewichtung des Werts »Familiennähe« den Ausschlag gegeben, und so verschiebt sich seine Wahl von Unternehmen 2 auf Unternehmen 1. Dieser Mann wäre über kurz oder lang in einen Zielkonflikt geraten, wenn er sich seine persönliche Zielhierarchie vorher nicht »ungeschminkt« klar gemacht hätte. Zielkonflikte stehen aber außergewöhnlicher Leistung und dem Spaß daran total entgegen. Und sie müssen gelöst werden, damit die I-dentity authentisch und aufrichtig wirkt. Verbiegen – gar bei persönlich als so wichtig empfundenen Werten – geht nicht lange gut.

//Vertrauen Sie auch auf Ihre Intuition

Trotz aller Methoden und Strategien sollten wir nicht versäumen, auch auf unser »Bauchgefühl« (somatische Intelligenz) zu hören. Ihre Intuition erfasst oft Sachverhalte, die Sie nicht bewusst wahrnehmen. Das Prinzip der intuitiven Entscheidungsmethoden besteht darin, die Kraft und das Wissen Ihres Unterbewusstseins zu nutzen. Dort sind viel mehr Erfahrungen, Eindrücke und Erlebnisse gespeichert, als wir bewusst abrufen können. Wir erleben diese innere Verarbeitung dann als das viel beschworene »Bauchgefühl«. Wenn Sie es schaffen, Zugang zu diesem Wissen zu bekommen, können Sie Entscheidungen besser und ganzheitlicher treffen, weil Sie dann bewusste und (vormals) unbewusste Informationen in der Entscheidung berücksichtigen können. Versuchen Sie deshalb, Ihre Entscheidung nicht nur mit dem Kopf zu treffen, sondern hören Sie auch in sich hinein und fragen Sie sich selbst, was Ihr »Bauch« zu den verschiedenen Alternativen, zu widersprüchlichen Zielen sagt. Vertrauen Sie darauf, dass Ihr Unterbewusstsein Ihnen helfen und Sie bei Ihren Vorhaben unterstützen will, denn es ist ein Teil von Ihnen, der es unverfälscht gut mit Ihnen meint!

Es gibt eine Reihe von Methoden und Strategien, mit denen Sie Ihre Intuition trainieren und zum strategischen Helfer bei wertvollen Entscheidungen machen können – Hinweise dazu finden Sie im Literaturverzeichnis.

//Rationale, emotionale und intuitive Muster verbinden

Um persönliche Werte und Ziele – berufliche wie private – in Einklang zu bringen, macht es Sinn, wenn Sie sich einen Überblick über alle Aspekte, Zukunftsaussichten, Einstellungen, Werte, Entscheidungen und Konsequenzen verschaffen, die Sie mit den genannten Techniken oder auch weiteren Brainstorming- oder Kreativtechniken, die Sie vielleicht kennen, entwickelt haben. Wenn Sie sich Ihrer rationalen, emotionalen und intuitiven Persönlichkeitsmuster sowie aller zu erwartenden Auswirkungen bewusst sind, sind Sie in der Lage, Zielhierarchien so aufzustellen, dass Sie dann wirklich »mit sich im Reinen« sind. Sie können quasi Ihre Perlen auf der Schnur Ihres weiteren Lebensweges auffädeln. Und die Ziele anstreben, die mit Ihrer I-dentity in (innerer) Übereinstimmung stehen.

Die Taucherkarte: Mindmaps

► Am leichtesten, schnellsten und »augenfälligsten« können Sie dies mit einer so genannten Mindmap, einer »Gehirn-Landkarte«, tun. Diese mittlerweile sehr beliebte Methode zur kreativen Erarbeitung von Themenfeldern und Lösungsansätzen nutzt die – vereinfacht zusammengefasste – Erkenntnis, dass das menschliche Hirn aus zwei Hälften besteht, die unterschiedliche »Herangehensweisen« haben. Der linken Gehirnhälfte wird stärker rationales Denken, Logik, Sprache, Zahlen, Linearität und Analyse zugeschrieben, während die rechte überwiegend mit Phantasie, Farbe, Rhythmus, Gestalt, Mustererkennung, Raumwahrnehmung und Dimensionalität in Verbindung gebracht wird.

//Mindmapping verbindet Ratio, Emotion und Intuition

Mit der Mindmap-Technik, die der Engländer Tony Buzan entwickelt hat, werden gezielt beide Gehirnhälften angesprochen und so Synergieeffekte genutzt. Die vielfachverknüpfte, quasiorganische, kreative und strukturierte Form der Mindmaps entspricht dabei der komplexen, nichtlinearen und assoziativen Arbeitsweise des Gehirns. Es »springt« stets zwischen verschiedenen Gedankengängen »hin und her« und verknüpft früher gespeicherte Informationen und vorhandenes Wissen mit neuen Fragestellungen. Dabei werden nur Schlüsselbegriffe und -reize (Bilder, Töne, Farben, Gerüche, Bewegungen) benötigt, damit »die Funken fliegen«. Und so spart das Mindmapping, das diese vernetzte Struktur mit verbundenen Verästelungen, zentralen Themen, kurzen Stichworten, Farben und Symbolen »nachstellt«, auch viel Zeit und »Hirnbalast«.

Übung: Nutzen Sie eine ruhige Stunde. Nehmen Sie ein Blatt Papier, DIN A4 oder besser noch DIN A3, legen Sie es quer und schreiben Sie in die »Blase« in der Mitte »Wertearbeit« oder »meine Werte und Ziele«. Zeichnen Sie von da aus Zweige, auf die Sie Ihre Assoziationen zum Thema schreiben. Sie können sich dabei an der Mindmap auf der folgenden Doppelseite orientieren, weil diese auf der linken Seite Erklärungen zum Aufbau von Mindmaps und auf der rechten Seite Beispiele für eine Mindmap zum Thema Wertearbeit liefert. Aber nochmals: Assoziieren Sie frei! Mindmaps strukturieren die Ergebnisse Ihrer Kreativität.

Der Inhalt ist wohl strukturiert und geordnet, kann aber nur von den Personen erfasst werden, die die verwendeten Schlüsselwörter richtig assoziieren. Mindmaps, die beispielsweise bei der Teamarbeit von mehreren Menschen genutzt werden, sollten daher auch gemeinsam konstruiert werden.

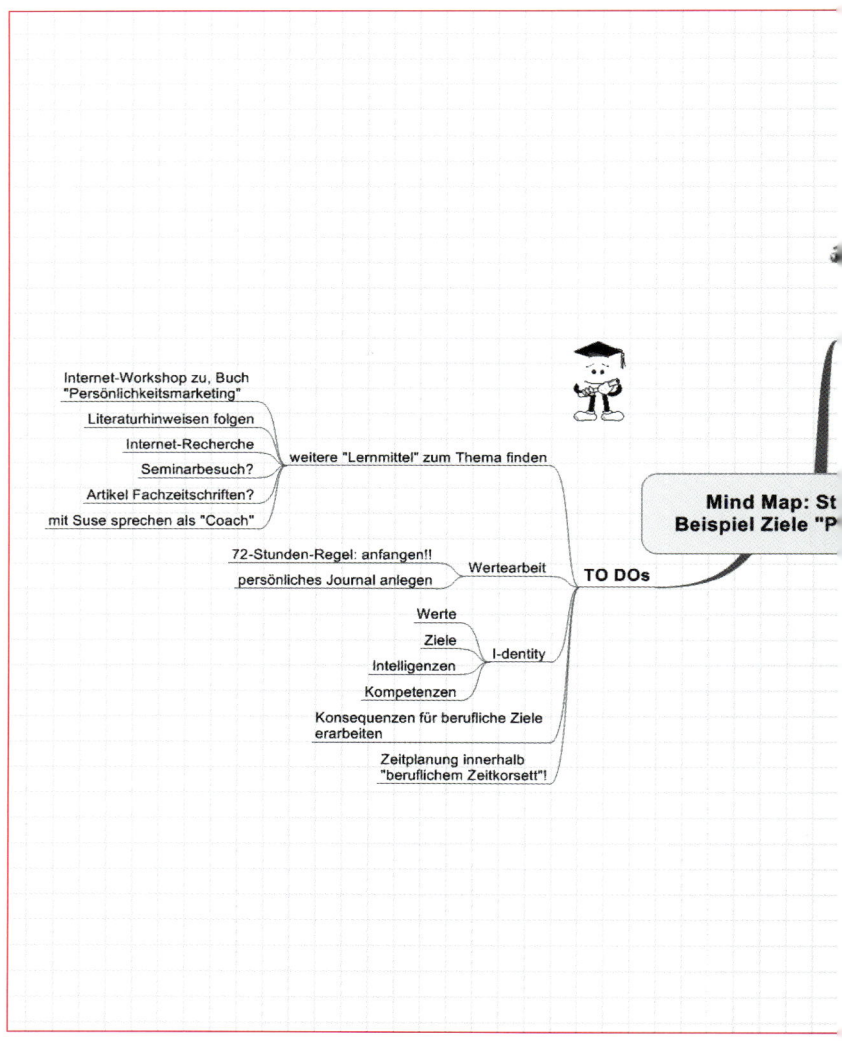

Sie finden diese Mindmap auch als PDF-Dokument im Internet-Workshop zu diesem Buch.

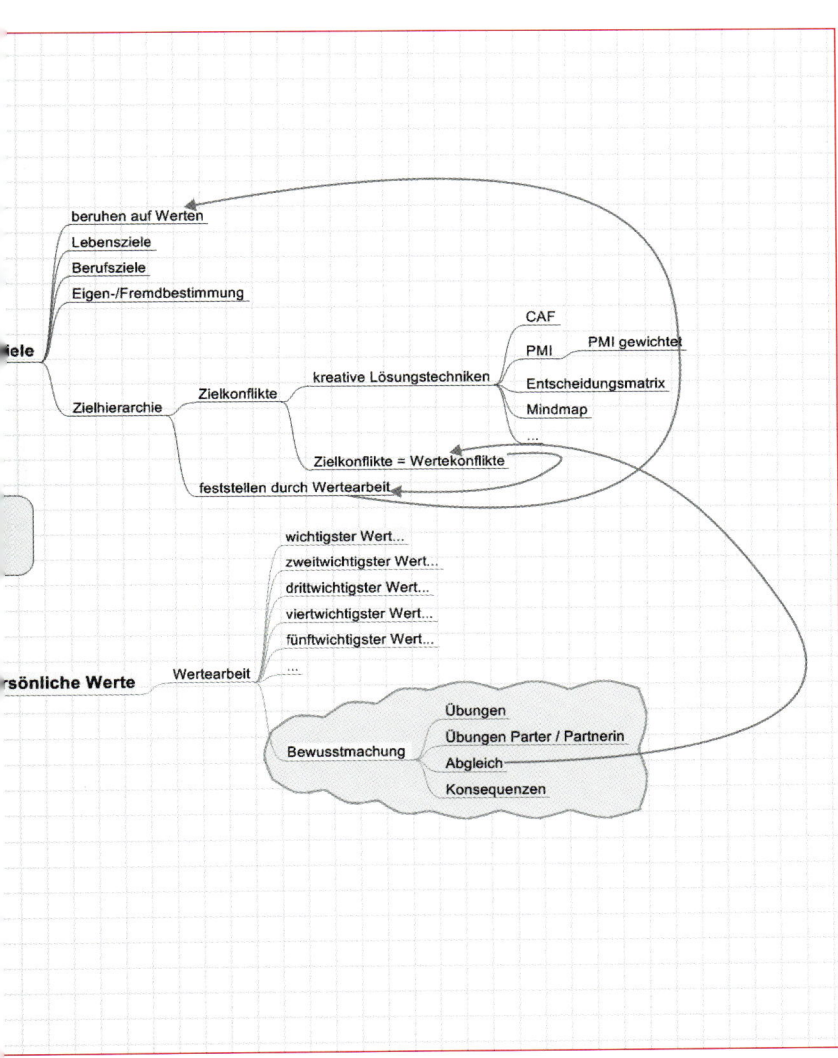

beruhen auf Werten

Lebensziele

Berufsziele

Eigen-/Fremdbestimmung

iele

CAF

PMI   PMI gewichtet

kreative Lösungstechniken   Entscheidungsmatrix

Zielhierarchie   Zielkonflikte   Mindmap

...

Zielkonflikte = Wertekonflikte

feststellen durch Wertearbeit

wichtigster Wert...

zweitwichtigster Wert...

drittwichtigster Wert...

viertwichtigster Wert...

fünftwichtigster Wert...

rsönliche Werte   Wertearbeit   ...

Übungen

Übungen Parter / Partnerin

Bewusstmachung   Abgleich

Konsequenzen

Tipp: Mindmaps können Sie für alle beruflichen und privaten Zwecke einsetzen. Wenn Sie dies häufiger tun wollen, dann könnte es Sinn machen, zu »systematisieren«. Mittlerweile gibt es einige einfach zu bedienende PC-Programme zur Erstellung von Mindmaps auf dem Markt. Auf Knopfdruck erstellen diese auch nummerierte Aufstellungen aus den grafischen Zweigdarstellungen, daher sind sie auch im Büroumfeld gut zu gebrauchen.

Mehr Infos finden Sie auch im Internet-Workshop zu diesem Buch und in »Mind Mapping. Einführung in eine kreative Arbeitsmethode«, das bei GABAL erschienen ist.

Mit Ihren persönlichen Werten und Zielen haben Sie bereits wichtige Säulen Ihrer I-dentity aufgebaut. Daher wenden wir uns jetzt der »Umsetzung« zu – und dafür nutzen Sie Ihre Intelligenzen und Kompetenzen.

► PowerPersönlichkeit

*»Persönlichkeiten werden nicht durch schöne Reden geformt,
sondern durch Arbeit und eigene Leistung.«
Albert Einstein (1879–1955), dt.-amerik. Physiker*

► I-dentity, das steht für »I«, für eine starke Persönlichkeit, das
steht auch für »I« wie Intelligenz (intelligence). Lange Zeit galt der
»klassische Intelligenz-Begriff«, ausgedrückt im Intelligenzquotien-
ten (IQ), als der Maßstab für Erfolg. Nach neueren Erkenntnissen ist
aber der emotionale Intelligenzquotient (EQ) eines Menschen aus-
schlaggebend für seinen persönlichen und beruflichen Erfolg. Mit
emotionaler Intelligenz werden eine ganze Reihe von Fähigkeiten
und Kompetenzen beschrieben, mit denen wir uns noch eingehen-
der befassen. Und dies erfolgreiche »Konzept« ist nicht neu:
Früheste philosophische wie religiöse Texte beschreiben schon die
Überzeugungskraft der emotionalen Kompetenz (hervorragender
Persönlichkeiten); Johann Wolfgang von Goethe sprach schlicht von
»Herzensbildung«. Neu ist allerdings die systematische Nutzung
des EQ-Konzeptes als Muster, mit dem erfolgreiches Persönlichkeitsmarketing sowie wirtschaftlicher und Führungserfolg im Beruf er-
klärt werden kann.

Intelligenzen und Kompetenzen

► Kompetenzen und Intelligenzen sind prinzipiell unterschiedliche
Parameter, die im persönlichen wie beruflichen Leben zusammen-
wirken müssen, um eine PowerPersonality mit starker I-dentity zu
entwickeln. Mit Kompetenzen sind in diesem Zusammenhang nicht
Befugnisse gemeint, sondern die Fähigkeiten und Fertigkeiten, über

die ein Mensch verfügt. Diese Fähigkeiten werden auch »weiche« beziehungsweise »soziale Fähigkeiten« oder Softskills genannt. Dagegen werden die eher auf Fakten und Wissen basierenden, technisch oder handwerklich orientierten Fertigkeiten als Hardskills bezeichnet.

Intelligenzen liegen den Kompetenzen zugrunde: Sie befähigen jeden Menschen prinzipiell zu einem Set an Verhaltens- und Lernmustern, an Fähigkeiten und Fertigkeiten. Hallo – wieso »Intelligenzen« im Plural?

//Die gute Nachricht: SIE besitzen mindestens acht Intelligenzen

Nach der Theorie von Howard Gardner verfügt jeder Mensch über ein Muster von mindestens acht Intelligenzen, die jeweils unterschiedlich stark ausgeprägt sind: Damit kann man dieses Muster zum Verständnis seiner selbst und anderer sehen und nutzen.

Die acht Intelligenzen nach Gardner:

01. **sprachliche Intelligenz:**
   Sensibilität für gesprochene und geschriebene Sprache, Sprachen lernen, Sprache zu bestimmten Zwecken einsetzen

02. **logisch-mathematische Intelligenz:**
   Probleme logisch analysieren, mathematische Operationen durchführen, wissenschaftliche Fragen untersuchen

03. **musikalische Intelligenz:**
   Begabung zum Musizieren und Komponieren

04. **körperlich-kinästhetische Intelligenz:**
   Körperliche Sinne zum Problemlösen oder zum kreativen Gestalten einsetzen

05. **räumliche Intelligenz:**
Vorstellungsvermögen und praktischer Sinn betreffend Strukturen und Räume

06. **interpersonale Intelligenz:**
Absichten, Wünsche und Motive anderer Menschen verstehen, Empathie

07. **intrapersonale Intelligenz:**
Selbst-Verständnis, lebensgerechtes Eigenbild entwickeln, sich im Gesamtzusammenhang (Metaebene) betrachten

08. **naturkundliche Intelligenz:**
Sachverstand im Erkennen, Hinterfragen und Klassifizieren von natürlichen Phänomenen

Außerdem wird derzeit am Nachweis weiterer Intelligenzmuster wie beispielsweise der spirituellen Intelligenz geforscht. Und auch die »Bauchintelligenz«, das »Bauchgefühl«, die so genannte »somatische Intelligenz«, setzt sich begrifflich durch. Sie ist nicht – wie die körperlich-kinästhetische in Gardners Modell – auf das Begreifen körperfremder Dinge gerichtet, sondern darauf, den eigenen Körper zu verstehen und auf ihn zu hören, da er – richtig eingestellt – nach der passenden Bewegung und nach der richtigen Ernährung »frage«.

//Emotionale Intelligenz – ein Erfolgsschlüssel

Besonders interessant für das Persönlichkeitsmarketing ist die Entwicklung der interpersonalen Intelligenz (nach Gardner), die am ehesten mit dem verglichen werden kann, was als emotionale Intelligenz zurzeit gesuchtes Kompetenzprofil von High Potentials, Berufseinsteigern, Führungskräften und Berufsumsteigern bildet.

Mit dem gleichnamigen Buch (EQ) von Daniel Goleman ist das Konzept der emotionalen Intelligenz als Begriff etabliert worden. Das Besondere an diesem Konzept ist, dass es dabei sowohl um den

Umgang mit sich selbst geht als auch um den mit anderen Menschen. Emotionale Intelligenz beschreibt also auf der einen Seite das Selbstmanagement und die Selbsterfahrung und auf der anderen Seite Kompetenzen und Fähigkeiten im Umgang mit anderen Menschen.

b@w //Elemente der emotionalen Intelligenz

Für die emotionale Intelligenz sind vor allem folgende Kompetenzen entscheidend:

● **Selbstbewusstheit:**
Gemeint ist die realistische Einschätzung der eigenen Persönlichkeit, also das Erkennen und Verstehen der eigenen Gefühle, Bedürfnisse, Motive und Ziele, aber auch das Bewusstsein über die persönlichen Stärken und Schwächen.

● **Selbststeuerung:**
Als Selbststeuerung wird die Fähigkeit bezeichnet, die eigenen Gefühle und Stimmungen durch einen inneren Dialog konstruktiv zu beeinflussen und zu steuern.

● **Motivation:**
Sich selbst motivieren zu können bedeutet, immer wieder Leistungsbereitschaft und Begeisterungsfähigkeit aus sich selbst heraus zu entwickeln und damit über eine höhere Frustrationstoleranz zu verfügen.

● **Empathie:**
Empathie heißt Einfühlungsvermögen. Gemeint ist damit das Vermögen, sich in die Gefühle und Sichtweisen anderer Menschen hineinversetzen zu können und angemessen darauf zu reagieren. Es geht darum, Mitmenschen in ihrem Sein wahrzunehmen und zu akzeptie-

ren. Dabei heißt »akzeptieren« nicht automatisch »gutheißen«, sondern ihnen mit Respekt entgegenzutreten und Verständnis für ihr Tun und Denken zu haben.

● **Soziale Kompetenz:**
Unter sozialer Kompetenz versteht man z. B. die Fähigkeit, Kontakte und Beziehungen zu anderen Menschen zu knüpfen und solche Beziehungen auch dauerhaft aufrechterhalten zu können. Also gutes Beziehungs- und Konfliktmanagement, Führungsqualitäten und die Fähigkeit, funktionierende Teams zu bilden und zu leiten.

● **Kommunikative Kompetenz:**
Auch diese Fähigkeit hat – wie die emotionale Intelligenz – zwei Perspektiven: einerseits die Fähigkeit, sich klar und verständlich auszudrücken und somit ein Anliegen deutlich und transparent zu übermitteln; andererseits die Fähigkeit, anderen Menschen aktiv und aufmerksam zuhören zu können und das, was sie sagen, zu verstehen und einzuordnen.

PowerPersönlichkeit mit EQ

»IQ may get you a job; EQ will get you promoted.«
Gilles Azzopardi, amerik. Autor

► Was bringt Ihnen nun Ihre emotionale Intelligenz? Knapp und pragmatisch fasst es der zitierte amerikanische Buchtitel zusammen: »Mit IQ bekommen Sie vielleicht einen Job, aber mit EQ kommen Sie weiter.« Kurz: Ihre emotionale Intelligenz und die damit verbundenen Kompetenzen sind ein wichtiger Faktor des Persönlichkeitsmarketings!

//Emotional intelligenter zum Berufserfolg

Menschen mit einer hohen emotionalen Intelligenz sind beruflich oft sehr erfolgreich, da sie gut mit Menschen umgehen können und über Führungsqualitäten verfügen. Was sie natürlich auch im privaten Umfeld »unwiderstehlich« macht. Sie können Konflikte konstruktiv meistern und mit sich selbst und anderen Menschen gut umgehen. Emotional intelligente Menschen können aktiv zuhören und akzeptieren ihre Mitmenschen so, wie sie sind. Damit sind sie meist sehr beliebt und pflegen tief gehende Beziehungen und Freundschaften. Sie sorgen aber auch gut für sich selbst und sind deshalb meist zufrieden und ausgeglichen. Damit haben Sie ein wert-volles Element – oder besser: Kompetenzbündel – der charismatischen Persönlichkeit! Kompetenzen, die Sie für Ihr erfolgreiches Persönlichkeitsmarketing weiterentwickeln können.

Weiterführende Websites und Selbsttests zur emotionalen Intelligenz

- www.eqdynamics.de
- www.telecol.ch/ge/testEQ/testEQ.html
- www.topos-online.at/html-texte/eq.htm
- www.creativeorgdesign.com/testpages/eqi.htm
  (auf dieser Site findet sich auch einer der wenigen standardisierten/wissenschaftlichen Tests: Baron EQ Inventory – stärker verhaltens- bzw. performanceorientiert)
- Daneben ist noch der MSCEIT zu erwähnen: der Mayer-Salovey-Caruso Emotional Intelligence Test. Dieser fokussiert eher auf das vorhandene Potenzial. Sie finden ihn unter:
  www.emotionalintelligencemhs.com/MSCEIT.htm

//PowerPersönlichkeit emotionaler entwickeln

Auch wenn die Wissenschaft herausgefunden hat, dass es offenbar genetische Anlagen für eine starke Ausprägung emotionaler Intelligenz gibt, lässt sie sich doch – wie die anderen Intelligenzen auch – systematisch fördern!

Tipp 1: Finden Sie mehr darüber heraus, wer Sie selbst sind

- Emotionale Intelligenz erfordert es, sich selbst gut zu kennen. Sich selbst kennen zu lernen, fällt Ihnen vielleicht nicht leicht, da Sie dazu eventuell tief in Ihre Geschichte und in Ihr Innerstes eintauchen müssen.
- Als Leitfaden gibt es eine ganze Zahl leicht verständlicher Bücher und Tests, großenteils sogar kostenlos im Internet. Aber Vorsicht: Viele dieser Tests sind nicht wirklich wissenschaftlich und entsprechen daher nicht unbedingt psychologischen Standards.
- In der Literaturliste finden Sie Hinweise auf zertifizierte Tests in diesem Bereich. Das ist gut investierte Zeit für Ihr Persönlichkeitsmarketing!

Tipp 2: Lernen Sie mit Gefühlen umzugehen

- Klingt so »natürlich«. Ist es aber nicht. Und es ist auch nicht einfach! Es geht auch nicht darum, Gefühle ungefiltert auszuleben. Es geht darum, sie in verschiedenen – auch beruflichen – Situationen zu entdecken, sich ihrer zu versichern (inneres Beschreiben), sie angemessen zu steuern und auch angemessen auf die niemals ausbleibende Reaktion der Umwelt einzugehen.
- Registrieren Sie, ohne zu werten. Akzeptieren Sie, dass Sie zurückerhalten, was Sie ausstrahlen.

Tipp 3: Gestehen Sie anderen Menschen ihre Persönlichkeit zu

- Machen Sie sich immer wieder klar, dass sowohl Ihre Ziele als auch Ihre Emotionen direkt von Ihren innersten Werten abhängig sind. Und das gilt auch für alle anderen Menschen um Sie herum! Anderssein heißt also nicht, »besser« oder »schlechter« zu sein.

- Vergegenwärtigen Sie sich (ständig) und akzeptieren Sie, dass andere gemäß ihres eigenen Wertesystems leben und handeln. Dann wird es Ihnen – beispielsweise als Führungskraft – auch möglich, deren Standpunkt zu erkennen. Und nicht zu verletzen – sondern motivatorisch einzusetzen.

Tipp 4: EQ können Sie nicht erzwingen, aber entwickeln

- Auch dies hat zwei Aspekte. Der erste betrifft Ihre Umgebung, Ihre Mitarbeiter, Ihre Kollegen, Ihre Teammitglieder und Ihr Verhältnis zu diesen. Denn SIE haben verstanden, dass Menschen nach ihren innersten Überzeugungen, nach ihren Wertesystemen »ticken«. Und dieses »Ticken« ist der Schlüssel zur Motivation. Wenn man prinzipiell anerkennt, dass Menschen (überhaupt) auch extern zu motivieren sind, dann sicher nicht über »übliche Motivationssysteme«, sondern – über ihre Werteschlüssel. Wenn Sie sich darauf trainieren, die Wertesysteme anderer Menschen kennen zu lernen, zu hinterfragen, dann haben Sie einerseits ein »machtvolles« Instrument an der Hand – doch werden Sie dies zerstören, wenn Sie glauben, dass Sie dies manipulativ einsetzen können. Denn damit verlieren Sie ein Stück authentischer EQ bei sich.
- Damit der zweite Aspekt: Emotionale Kompetenzen zu entwickeln, können Sie nicht »erzwingen«, nicht forcieren und nicht spielen – das steht ihrem ureigentlichen Wesen schlicht entgegen. Aber Sie können Ihre Achtsamkeit schulen, diese Fähigkeiten bei anderen zu sehen und bei sich selbst als positiv zu spüren und auszubauen: Sie können im Rahmen Ihrer kompetenzorientierten Entwicklung Ihre Stärken stärken – und Ihre schwach ausgebildeten (sozialen und emotionalen) Kompetenzen verbessern, um Ihre I-dentity zu stärken!

Kernkompetenzen der PowerPersönlichkeit

► Mit einem Ihrer Kompetenzfelder haben Sie sich jetzt bereits intensiv auseinander gesetzt: den (auch) so genannten sozialen oder interpersonalen Kompetenzen. Der EQ allerdings verweist als intrapersonales Kompetenzbündel auch auf Sie selbst, da Kompetenzen wie Selbst-Bewusstheit, Selbsterfahrung, Selbstbestimmung etc. eingeschlossen sind. Interpersonale und intrapersonale Kompetenzen sind äußerst wichtig für Ihre Selbstführung als PowerPersönlichkeit – und den Führungserfolg, wenn Sie, was häufig das Ziel von PowerPersönlichkeiten ist, andere Menschen, Mitarbeiter, führen. Damit können hier durchaus Ihre Kernkompetenzen liegen.

//Kernkompetenzen wichtig zur Expertenpositionierung

Jetzt sagen Sie vielleicht: »Fein – und was kann ich damit anfangen?« Eine ganze Menge – und das schauen wir uns in den folgenden Abschnitten im Einzelnen noch an:

01. Persönliche Kernkompetenzen und firmenspezifisches Wissen – das so genannte Kompetenz- und das intellektuelle Kapital – haben in der Unternehmenswelt längst eine größere Bedeutung als Sachwerte und Investitionen in Güter.

02. Ihr persönliches Kernkompetenzprofil macht Ihre Positionierung als Experte möglich.

03. Der Expertenstatus ist – unabhängig davon, ob Sie freiberuflich, selbstständig oder angestellt tätig sind – einer der Positionierungsfaktoren als PowerPersönlichkeit.

04. Wenn Sie sich über Ihre Kernkompetenzen im Klaren sind, können Sie Ihr Kompetenzprofil mit dem von Ihrem Unternehmen rsp. an Ihrem (künftigen oder erwünschten) Arbeitsplatz definierten abgleichen …

05. ... und daraus ersehen Sie, ob Sie zu diesem Unternehmen – und dieses zu Ihnen – passt und ob Ihre Arbeitsstelle Sie glücklich machen wird. (Denken Sie an die notwendige Übereinstimmung von Werten und Zielen, die erst langfristige Freude und Motivation möglich macht!)

06. ... oder ob eine Veränderung besser zu Ihren Kompetenzen, Werten und EIGENtlichen Zielen passt.

07. Sie können gezielt Ihre Basis verbreitern, indem Sie Kompetenzschwächen erkennen (Potenzialanalyse) und daran arbeiten (Potenziale entwickeln) ...

08. ... und Ihren Expertenstatus ausbauen, indem Sie Ihre Stärken stärken.

//Verschiedene Kompetenzfelder füllen Ihre I-dentity

Kernkompetenzen

Kernkompetenzen sind Fähigkeiten und Fertigkeiten, die Sie in besonderer Weise beherrschen und mit denen Sie sich als Experte positionieren können. Umgekehrt definieren Unternehmen Kernkompetenzen, die sie bei Führungskräften und Mitarbeitern in bestimmten Bereichen erwarten und die zwingende Voraussetzung zum beruflichen rsp. wirtschaftlichen Erfolg sind.

Richtig positionieren können Sie sich als PowerPersönlichkeit aber nur, wenn Sie sich auch Ihrer weiteren Kompetenzen/Kompetenzfelder bewusst sind. Es gibt verschiedene (wissenschaftliche) Kompetenzmodelle, die auch in der Unternehmenslandschaft zunehmend genutzt werden. Daran können Sie sich orientieren, um bei Ihrer eigenen Potenzialanalyse alle Kompetenzfelder zu erfassen.

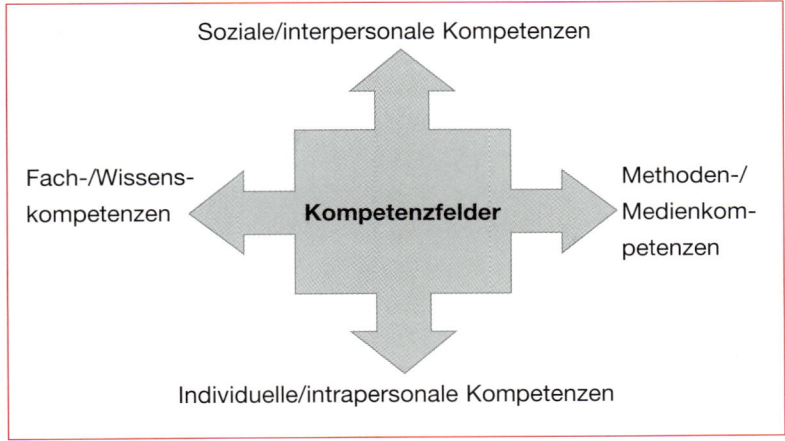

Soziale/interpersonale Kompetenzen

Fach-/Wissens-
kompetenzen

Kompetenzfelder

Methoden-/
Medienkom-
petenzen

Individuelle/intrapersonale Kompetenzen

Zwar werden in Unternehmen unterschiedliche Kompetenzmodelle (drei, vier oder fünf Kompetenzfelder, unterschiedliche Kompetenzbeschreibungen, unterschiedliche Level an Kompetenzausprägungen) genutzt, doch ist (wäre) dies erst im Rahmen eines Assessments oder einer Weiterbildungsmaßnahme in einem bestimmten Unternehmen für Sie entscheidend.

Für Ihre eigene Definition Ihrer I-dentity und für Ihre Expertenpositionierung ist es zunächst wichtig, dass Sie sich Ihrer bereits vorhandenen Kompetenzen und deren Ausprägung (Level, Niveau, Stärke) sowie evtl. noch zu entwickelnder Kompetenzen bewusst werden.

Übung: Unterteilen Sie ein großes Blatt Papier mit einem Längs- und einem Querstrich in vier gleich große Teile (Quadranten). Bezeichnen Sie diese jeweils mit einem der vier Kompetenzfelder wie im folgenden Beispiel. Schreiben Sie in jedes Feld möglichst viele Kompetenzen, die Sie als Persönlichkeit beschreiben, die Sie haben. Als Kompetenz nehmen Sie einfach jede positive Eigenschaft, die Ihnen für Ihren privaten und beruflichen Erfolg wichtig erscheint. Richten Sie sich nicht danach, welche Kompetenzen man möglicherweise von Ihnen erwartet, sondern danach, was Sie gut können und was Ihnen wichtig ist. Auch hier gilt: Ihre Wert-igkeit zählt!

Soziale/interpersonale Kompetenzen	Individuelle/intrapersonale Kompetenzen
Empathie	Selbstbewusstsein
Kommunikationsfähigkeit	Selbstmotivation
Mitreißenkönnen	Disziplin
Zuhören	Lernbereitschaft
Menschen motivieren	Flexibilität
Gerechtigkeitsgefühl	Humor
...	...

Fach-/Wissenskompetenzen	Methoden-/Medienkompetenzen
Anlagenbuchhaltung	Akquisitionstechniken
Abschluss nach US-GAAP	Abschlusssicherheit
Branchenwissen; im Einzelnen:	Präsentation (multimedial)
....	...
....	
Marktkenntnis; im Einzelnen:	
....	
....	
Englische Fachsprache/Termini	
...	

Expertenpositionierung mit Kernkompetenzen

//Kompetenzausprägungen machen Sie zum Experten

► Bis zu diesem Punkt haben Sie eine ganze Menge an Kompetenzen ermittelt, über die Sie bereits verfügen. Und Sie werden diese Listen in den nächsten Tagen und Wochen noch weiter ausführen! Ihnen werden immer wieder neue Fähigkeiten und Fertigkeiten einfallen, über die Sie auch verfügen. Tragen Sie diese immer nach. Das motiviert und gibt Ihnen auch ein gutes Gefühl für sich selbst; und nicht zuletzt stärkt es Ihr Selbstbewusstsein. Wie den meisten Menschen wird auch Ihnen kaum bewusst (gewesen) sein, wie viel Sie können, wissen, intuitiv richtig machen, und wie gut! Das ist gerade bei Frauen oft der Fall: Weil ihnen oft schon in der Kindheit aberzogen wird, stark, selbstbewusst oder »wild« aufzutreten, haben sie später meist Schwierigkeiten, ihre Stärken aufzuzählen (na, erkennen Sie sich wieder?).

Studien zeigen, dass es speziell Frauen dabei noch etwas leichter fällt, ihre Stärken aufzuschreiben – aber spätestens wenn sie sie »laut herausposaunen« sollen, werden sie verlegen.

Daher machen wir uns im nächsten Schritt unsere Stärken (= die deutlich ausgeprägten Kompetenzen) bewusst. Auch hierbei können Sie sich grob an Modellen aus der Personalentwicklung in Unternehmen orientieren, die häufiger mit so genannten Soll- und Ist-Profilen und dem Abgleich zwischen beiden arbeiten. Für Sie ist im Moment mal unerheblich, ob Sie Studienanfänger, Berufseinsteiger, Aufsteiger, Umsteiger oder Aussteiger sind: Sie wollen sich Ihrer Kernkompetenzen bewusst werden, um sie für die Definition Ihres Expertenstatus zu nutzen.

Übung: Nehmen Sie Ihre Aufstellung aus der letzten Übung zur Hand, die Sie ja weiter vervollständigt haben (haben Sie doch, oder?!). Jetzt gewichten Sie die Kompetenzen, z. B. in vier Ausprägungsstufen, wie sie auch oft in Unternehmen genutzt werden. Sie können auch »Könnerstufen«, Levels oder Niveaus dazu sagen; wichtig ist nur, dass Sie sich eine Systematik ausdenken, nach der Sie Ihre Beherrschung der aufgeschriebenen Kompetenzen bewerten. So können Sie z. B.:

- ein bis vier Pluszeichen hinter jede Kompetenz setzen
- Punkte verteilen
- Einschätzungen wie »wenig«, »mittel«, »stark« aufschreiben und die Kompetenzen in jedem Kompetenzfeld danach ordnen

- Einteilungen wie »Neuling«, »Anfänger«, »Fortgeschrittener«, »Experte« erfinden
- Eine Matrix erstellen mit z. B. vier Levels wie die im folgenden Beispiel

Kompetenz-grad	Beschreibung für UNTERNHMEN (b2b)	Beschreibung für UNTERNEHMER (individuenzentriert)
Level 1	Der Kompetenzgrad des Neulings ist gekennzeichnet durch theoretisches und eher allgemeines Wissen um die jeweilige Kompetenz. Dazu kommt nur geringe/erste Erfahrung.	Ich verfüge über ein allgemeines Wissen in diesem Fachgebiet bzw. hinsichtlich diesen (Verhaltens-) Kriteriums. Ich eigne mir erste Erfahrungen unter Anleitung an und bin bereit, diese über Trial und Error (Versuch und Irrtum) pragmatisch anzuwenden.
Level 2	Der Kompetenzgrad des Anfängers ist gekennzeichnet durch mäßige/mittlere Erfahrung. Der Betreffende ist in der Lage, die Grundzüge der Aufgabe, des Kompetenzkriteriums zu verstehen, und benötigt in bestimmten Situationen Unterstützung von erfahrenen Betreuern.	Ich verfüge bereits über gute Kenntnisse und erste bis mittlere Erfahrung in dem Fachgebiet bzw. in dem betreffenden Verhaltensbereich. Ich bin in der Lage, den Prozess voranzutreiben. In diesem Verhaltensbereich fühle ich mich allmählich sicher.

Kompetenz-grad	Beschreibung für UNTERNHMEN (b2b)	Beschreibung für UNTERNEHMER (individuenzentriert)
Level 3	Der Kompetenzgrad des Fortgeschrittenen ist gekennzeichnet durch zufriedenstellendes Verständnis und erkennbar sichere Erfahrung sowie zufriedenstellende Ergebnisse und Leistungen in dem betreffenden Kompetenzbereich. Der betreffende Mitarbeiter, die Abteilung oder die Führungskraft beherrscht die gängigen Arbeitsmethoden und ggf. -medien.	Meine Leistungen, Ergebnisse bzw. mein Verhalten auf dem genannten Gebiet sind gut bis sehr gut. Ich verfüge inzwischen über profundes Wissen und Können und wende verschiedene Methoden und Medien sicher an. Ich habe die Sicherheit, immer gleich gut zu handeln.
Level 4	Der Kompetenzgrad des Experten ist erkennbar an ausgezeichneten Arbeitsergebnissen bzw. exzellenten Verhaltensmustern. Das Aufgabengebiet wird ausgezeichnet beherrscht. Der Mitarbeiter bzw. die Führungskraft oder die Abteilung arbeitet auf ausgezeichnetem Niveau. Das Niveau des Experten ermöglicht es, dass Wissen (um die Kompetenz) weitergegeben wird. Der Experte ist aber kein Trainer oder Lehrer.	Ich beherrsche die betreffende Kompetenz ausgezeichnet. Im Verhaltensbereich erziele ich exzellente Ergebnisse. Inzwischen habe ich ein Niveau und eine Könnerschaft erreicht, dass ich Wissen an andere weitergeben kann. Andere können von mir profitieren; ich bin Anwender, kein Trainer oder Lehrer.

//Von Stärken zum USP und zur Expertenpositionierung

Nach dem vorangegangenen Schritt haben Sie aus allen Bereichen ein Muster an Kernkompetenzen, über die Sie in hohem Maße verfügen. Das ist Ihr momentanes Stärkenprofil. Und daraus entwickeln Sie eine Positionierung, die Sie einzigartig macht. Sie können und haben etwas in der Form, wie es sonst niemand kann und hat. Im unschönen Marketing-Denglish heißt dies »Unique Selling Proposition«, kurz USP, oder Alleinstellungsmerkmal.

Übung: Definieren Sie Ihr Alleinstellungsmerkmal (USP) jetzt möglichst genau – in einem Satz. Sagen Sie dem Markt, was Sie an einzigartigem Kompetenzmuster mitbringen – und das können auch emotionale und soziale Kompetenzen sein.

Mein USP:

Dieses Alleinstellungsmerkmal kann, muss aber nicht identisch sein mit Ihrer Expertenpositionierung. Diese definiert sich etwas (arbeits)marktorientierter. So könnte Ihr USP heißen: kreatives Organisationstalent mit Schwerpunktwissen im Pharmabereich. Und Ihr Expertenstatus: Ich bin die Expertin, wenn es darum geht, Ihr medizinisches Unternehmen zu organisieren und zu optimieren. Damit können Sie Ihre Expertenpositionierung an den Markt tragen und ins (professionelle) Persönlichkeitsmarketing einsteigen!

Übung: Aus meinem Stärkenprofil und meinem Alleinstellungsmerkmal kann ich folgende Expertenpositionierung ableiten:

//Expertenpositionierung: Abgleich mit dem Markt

Jetzt gibt es mehrere Wege, die sich Ihnen eröffnen:

01. Wenn Sie sich noch im Studium befinden, Berufseinsteiger oder High Potential sind, nutzen Sie USP und Expertenpositionierung direkt für Ihr Persönlichkeitsmarketing, denn sie werden die Leitfäden für Ihre Bewerbungen und Ausrichtungen werden.

02. Wenn Sie wieder in einen Job einsteigen, die Karriereleiter erklimmen oder umsteigen möchten, werden Sie einen »Marktabgleich« vornehmen, denn im Allgemeinen können (werden) Sie sich nicht »an Ihrem Markt vorbei« positionieren – es sei denn, dies gehört zu Ihrer I-dentity.

03. Wenn Sie eine Existenz als Freiberuflerin oder Selbstständiger gründen oder ausbauen möchten, werden Sie eine der beiden ersten Möglichkeiten wählen oder Ihr Stärkenprofil ausbauen wollen, um allen Anforderungen Ihres »neuen« beruflichen Lebens, das Sie nach Ihren Werten ausrichten, gerecht zu werden.

Potenzialentwicklung:
Die Kür der PowerPersönlichkeit

► Sie haben bisher Ihre ureigensten Werte, Ihre beruflichen wie privaten Ziele und Ihre Kernkompetenzen herausgearbeitet ... und dies auf der Basis Ihrer Werte. Damit haben Sie Ihre I-dentity schon sehr genau beschrieben. Gratulation! Denn damit befinden Sie sich in Gemeinschaft mit weniger als zwei Prozent Ihrer Mitmenschen (in den Industrieländern) – und zwar den weniger als zwei Prozent, die besonders zielbewusst, erfolgreich und zufrieden sind. Zufriedenheit oder Glück – wir erinnern uns – sind (auch) direkte Folge der Erreichung von Zielen, wenn es die richtigen = innersten Ziele sind.

Im nächsten Schritt gilt es also, Ihre I-dentity, Ihren USP und Ihren Expertenstatus erfolgreich im Markt zu positionieren – und dabei Ihre zugrunde liegenden Werte zu erhalten und zu realisieren. Denn dann werden Sie begeistert sein und begeistern – dann wird sich der (wirtschaftliche) Erfolg fast sicher einstellen.

Es geht also darum, sich gut zu verkaufen, ohne sich zu verkaufen!

b@w //Kompetenzprofile entwickeln

Nehmen wir mal an, Susanne hat sich ihr eigenes Kompetenzprofil erarbeitet, das sie nach den Kategorien »Unternehmerische Kernkompetenzen«, »Methodische Kernkompetenzen«, »Fachlich-inhaltliche Kernkompetenzen« sowie »Soziale und individuelle Kernkompetenzen« unterteilt. Susanne positioniert sich damit bei großen Unternehmen, bei denen sie sich auf eine mittlere Führungsposition bewerben will. Zudem hat sie die Ausprägung ihrer Kompetenzen in Levels von 1 bis 4 eingeschätzt und diese zum besseren Verständnis mit Beschreibungen versehen. Außerdem gibt sie an, wie sie zur Einstufung der Kompetenzausprägungen gekommen ist: Sie hat dafür die früheren Zeugnisse, Berufserfahrungen und Selbsteinschätzungen verwendet.

Qualifikationsprofil Susanne Ehrlich

Die Levels bedeuten:
1 = Anfänger, 2 = Könner, 3 = Experte, 4 = Professionell

Die Levelausprägung wurde beschrieben durch:
Fremdanalyse (Zeugnisse), Job-Experience, Self-Assessment

Unternehmerische Kernkompetenzen

Führungserfahrung (zuletzt rd. 20 MitarbeiterInnen als Geschäftsführerin eines mittelständischen Unternehmens)

Führung		3,8
Teamaufbau		4,0
Teamentwicklung		3,0
Potenzialerkennung		2,0
Förderung		3,0
Lernkultur		4,0
Motivation, ext.		3,0
Motivation, int.		3,0
Zielvereinbarung		3,0
Zielkontrolle		3,0
Selbstmanagement		3,0
Eigenmotivation		4,0
Interdisziplinäres Arbeiten		3,0
Priorisierung		3,0
Urteilsvermögen		3,0
Zielorientierung		3,0
Vision		3,0
Business		2,0

Methodische Kernkompetenzen

Präsentation		3,0
Moderation		2,9
Metaplan		3,8
Mindmapping		3,0
Storyboard		2,0
Vertriebsunterlagen		3,0
Internet-/DB-Recherche		2,5

Fachlich-inhaltliche Kernkompetenzen

Projektmanagement		3,0
Projektstaff		3,0
Produktentwicklung		3,0
Marktanalysen		3,5
Markt Lernsysteme		4,0
Markt Content		4,0
Markt BoB		3,0
Wettbewerber		3,5
Vertriebskenntnis		3,0
Internet-Strategie		3,0
Int. Konzeption		3,0
Redaktion		3,0
Texten		4,0
Business		2,0
Englisch		3,0
Französisch		3,0
Latinum		2,0
MS Office		3,0
StarOffice		2,0
MS Project		2,0
MS Access		1,0
Internet-Technik		2,5
html		1,5

Individuelle und soziale Kernkompetenzen

Denken analytisch		3,5
Denken ganzheitlich		3,5
Denken kombinatorisch		3,5
Denken methodisch		3,5
Denken visionär		3,5
Wagnisbereitschaft		2,0
Abenteuerlust		2,5
Gestaltungswille		3,3
Einsatzbereitschaft		4,0
Verantwortungsbereitschaft		3,5
Repräsentativität		3,0
Kundenorientierung		4,0
Serviceorientierung		4,0
Verhandlungsgeschick		3,0
Verkaufsorientierung		3,5
Integrität		4,0
Stilsicherheit, internat.		3,5
Vertrauenswürdigkeit		4,0
Zusammenarbeit		3,5
Gesprächsführung		3,5
Kommunikation		3,5
Rhetorik		3,5
Fairness		3,0
Lernbereitschaft		3,5
Initiative		3,5
Kritikbereitschaft		3,0
Zeitmanagement		3,0

//Potenzialanalyse: Sollprofil und Istprofil abgleichen

Susanne ist sich darüber im Klaren, dass sie bei den internationalen Konzernen, bei denen sie sich bewirbt, die angegebenen Kompetenzen in den Ausprägungsstufen wird nachweisen müssen. In jedem Fall geht sie – wie die Erfahrung zeigt, zu Recht – davon aus, dass ihr die intensive Auseinandersetzung mit ihrem eigenen Kompetenzprofil, ihrem USP und ihrer Expertenpositionierung in der Bewerbungssituation zum Vorteil gereichen wird: Sie hat sich ein Alleinstellungsmerkmal geschaffen, das ihrem Wertesystem, ihrer Persönlichkeit entspricht.

Allerdings macht die Darstellung des Kompetenzprofils hin zu den Personalentscheidern in den Konzernen nur wirklich Sinn, wenn Susanne sich vorher möglichst genau über das dort erwünschte Kompetenzprofil informiert hat und möglichst wenig Abweichung zwischen Istprofil (das vorgelegte) und Sollprofil (das erwünschte) besteht. Mit größter Wahrscheinlichkeit werden die Profile im Aufbau sowieso voneinander abweichen, doch wird ein geschulter Personaler sofort das Potenzial in Susannes Qualifikationsprofil erkennen.

Zusätzlich wird Susanne ihr Qualifikationsprofil zu ihrer persönlichen Entwicklung verwenden. Zum Ersten definiert sie die Kompetenzen, die sie für sich weiterentwickeln will (werteorientiert). Zum Zweiten legt sie fest, welche Kompetenzen sie (vermutlich) noch entwickeln muss, um den Führungsaufgaben in ihrem »Wunschunternehmen« gerecht zu werden.

Klar ist: Das aktuelle Kompetenzprofil wird nie das »endgültige« sein! Dazu muss man gar nicht das »lebenslange Lernen« bemühen – ein Großteil des Kompetenzerwerbs geschieht sowieso nebenbei und interessengelenkt – nahezu wie in der Kindheit. Schön, dass uns allen das erhalten bleibt!

Sich selbst (neu) erfinden

»Persönlichkeiten, nicht Prinzipien bringen die Zeit in Bewegung.«
Oscar Wilde (1854–1900), ir. Schriftsteller

► Als PowerPersönlichkeit werden Sie Ihre Kompetenzprofile, Ihr Qualifikationsprofil, immer weiterentwickeln, um Ihre (wertorientierten) Ziele zu erreichen, um Ihre Kompetenzbasis zu verbreitern (an Schwächen arbeiten), um Ihre Expertenpositionierung auszudifferenzieren (Stärken stärken) ... und auch, um Ihre Wertvorstellungen zu leben.

//(Scheinbare) Schwächen zu Stärken machen

Und dazu können Sie sich immer wieder ein Stück neu oder »dazu«erfinden: Sie können sich entweder ein neues (Kompetenz-)Ziel setzen und sich damit ein Stück »weiter erfinden«. Oder Sie können Ihre Kompetenzen so deuten, dass sie unterschiedlichen, immer neuen Markt- und Positionierungsanforderungen genügen.

Wenden Sie es positiv: Machen Sie Stärken aus Ihren Schwächen! Das trainiert Ihr positives Selbst-Verständnis und Ihre Ausstrahlung. Und dabei passiert dasselbe wie beim Lächeltrick: Sie werden »unbewusst« diese Stärke ausstrahlen, wenn Sie sie einmal »bewusst definiert und verankert« haben. Denn es gibt eine Theorie, nach der wir nur empfinden – und damit ausstrahlen – können, was wir benennen und beschreiben können.

PS: Sie kennen den Lächeltrick nicht? Ganz einfach:

Der Lächeltrick

Spannen Sie Ihre Gesichtsmuskulatur mindestens zwei Minuten so an, als ob Sie lächeln würden. Also kurz: grimassieren Sie. Dabei wirkt

---

diese muskuläre Anspannung auf Ihr Gehirn zurück – Sie denken:
Hey, da gibt's ja was zu lächeln ... also geht's mir gut! Und dann geht
es Ihnen auch gut! Das klappt sogar unter verschärften Bedingungen:
Lächeln Sie auf Teufel komm raus und versuchen Sie, sich zu ärgern
oder Schimpfworte zu denken (Kinder, nicht nachmachen!) – tja, so-
lange Sie lächeln, wird's Ihnen gut gehen. Und danach auch noch.

Übung: Notieren Sie in der Tabelle möglichst viele Adjektive, die
scheinbare Schwächen von Ihnen beschreiben. Deuten Sie sie positiv
um und suchen Sie den Nutzwert oder »Anwendungswert« für Ihren
Beruf, für Ihre Expertenpositionierung, für Ihr Ziel.

Scheinbare Schwäche	Positive Auslegung
Chaotisch	Multitasking-fähig; kreativ auch unter schwierigen Bedingungen
Verträumt	Reflektierend, achtsam
Burschikos	Organisationstalent

Scheinbare Schwäche	Positive Auslegung

Der Kompetenz-Quotient: Indikator für Ihren »Star-Wert«

► Sie haben sich bis zu diesem Punkt sehr intensiv mit Ihren Werten, Zielen, Zielhierarchien, Intelligenzen und Kompetenzen auseinander gesetzt. Sie haben damit Ihre »PS gesammelt«. Jetzt müssen die PS auch auf die Straße! Alle Kompetenzen, alles Wissen und alle Informationen nützen wenig, wenn es an der Umsetzung mangelt. Sie wollen ja kein Lexikon werden, sondern eine charismatische Persönlichkeit, die tatkräftig die gesetzten Ziele zu erreichen sucht.

Die Erfahrung zeigt, dass es immer einiger bestimmter Kernkompetenzen bedarf, die in einer gewissen Ausprägung vorhanden sein müssen, um eine erfolgreich mit ihrem Expertenschwerpunkt am Markt positionierte Persönlichkeit zu sein. Ähnlich wie – wir haben es im vorigen Kapitel gesehen – es der Umsetzung einer ganzen Reihe von Kompetenzen bedarf, um einen hohen EQ zu haben (auch hier genügt das reine Wissen darum nicht), so machen auch eine Reihe von markterforderlichen Kernkompetenzen einen hohen Kompetenzquotienten aus.

Der Kompetenz-Quotient

Den Kompetenz-Quotienten nutzen wir hier als Indikator für die Ausprägung der Kernkompetenzen, die zur marktgerechten Positionierung mindestens erforderlich sind, sowie der aktivierenden Kompetenzen (Umsetzungskraft). Unter »Markt« wird dabei auch, aber nicht nur, der betriebswirtschaftliche Markt verstanden.

//Kompetenz tatkräftig anwenden

Natürlich sind die Kernkompetenzen von Ihnen als individueller Persönlichkeit (I-dentity) unterschiedlich von denen Ihrer Nachbarin. Doch hat sich ein Set an Kompetenzen bewiesen, die erfolgreich positionierte Persönlichkeiten häufig mindestens aufweisen. Dazu kommen sehr oft noch individuelle Kernkompetenzen, die auch »exotischer Natur« sein können – wenn sie ihrer Umwelt einen emotionalen oder wirtschaftlichen Zusatznutzen bringen, machen sie die Person erfolgreich. Damit werden wir uns später noch auseinander setzen.

Es gibt natürlich unterschiedliche Modelle, wie man solche Kompetenz-Sollprofile entwickeln könnte. Beim Modell Kompetenz-Quotient machen wir es einfach und praxisnah mit einer Matrix von je fünf Kernkompetenzen aus den oben beschriebenen vier Kompetenzbereichen.

Susanne hat die Matrix bereits für sich ausgefüllt und dabei als »Wert« jeweils die von ihr eingeschätzten Kompetenzausprägungen aus den Grafiken, die sie erstellt hatte (Seite 061–063), eingetragen. In der einfachen Form des Modells gehen wir unbeachtet einer Gewichtung der einzelnen Kompetenzen davon aus, dass diese idealerweise alle bis auf Level 4 entwickelt sein sollten, um eine möglichst gute Kompetenzbasis für das Ziel »gut positionierte Power-Persönlichkeit« zu haben.

//Umsetzungsfaktor: So kriegen Sie die PS auf die Straße

Jetzt heißt es noch, den Umsetzungsfaktor zu bestimmen. Dieser ist eine Art Mischung aus Entrepreneurship (Unternehmerwillen) und aktivierenden Kompetenzen, die vor allem auf Umsetzung, auf Tun, auf Tatkraft ausgerichtet sind. Jedoch nicht um jeden Preis: Die notwendige Kompetenz »Wagnisbereitschaft« wird durch die ebenfalls notwendige Kompetenz »Risikomanagement« ausbalanciert. Denn mit dem Kopf durch die Wand kommt auch bei »sauberer« Positionierung niemand ... da bricht man bloß nach unten durch.

Kompetenz-Quotient: Susanne E.

Kompetenz-bereiche	EQ-Kompetenzen/Fähigkeiten			
	Soziale/ interpersonale	Wert/ Level	Individuelle/ intrapersonale	Wert/ Level
Kompetenz 1	Führung	3,8	Selbstmanagement	3
Kompetenz 2	Kommunikation	3,5	Zielorientierung	3
Kompetenz 3	Teamaufbau	3,5	Selbstmotivation	4
Kompetenz 4	Motivation	2,1	Analytisches, vernetztes & visionäres Denken	3,6
Kompetenz 5	Empathie	2,5	Lernbereitschaft	3
Summe	SK	15,4	IK	16,6

Kompetenz-Quotient: Susanne E.

(Technische) Fertigkeiten/ Kenntnisse				Umsetzungsfaktor	
Fach-/ Wissen	**Wert/ Level**	**Methoden/ Medien**	**Wert**	**Aktivierungs- Kompetenzen**	**Wert/ Level**
Produkt- kenntnisse (Idee, Dienst- leistung, Produkt)	3,5	Präsentation	3	Initiative	2,5
Vertriebs- kenntnisse	3,5	Moderation	2,5	Durchsetzungs- vermögen	2
Marktanalyse (SWOT)	3	Businessplan- erstellung/ -lesen	2	Ausdauer	2,2
Wettbewerbs- analyse	2	Mindmapping/ Kreativitäts- methoden	3,1	Wagnisbereit- schaft	2
Branchen- kenntnisse/ Erfahrung im Markt	2,1	Internet-/ Datenbank- recherche	2,5	Risikomanage- ment	3
FK	14,1	MK	13,1	UF	136,89

Nach unserer Definition setzt sich der Umsetzungsfaktor folgendermaßen zusammen:

Umsetzungsfaktor = (Initiative + Durchsetzungsvermögen + Ausdauer + Wagnisbereitschaft + Risikomanagement)^2.

Die Quadrierung zeigt die Wichtigkeit der aktivierenden Kompetenzen, die eigentlich alle intrapersonaler Natur sind. Die Sie also alle auch bei sich selbst entwickeln können! Ihre Antriebskraft ist so stark, dass sie die eine oder andere erforderliche Kernkompetenz in ihrer Ausprägung balancieren kann. Und doch müssen alle Kernkompetenzen zumindest in einer durchschnittlichen Ausprägung vorhanden sein. Und wo der Antrieb fehlt, da hilft auch das Können nichts. »Er ist zu allem fähig, aber zu nichts in der Lage« – das hört man ja nicht wirklich gerne über sich ...

Schließlich kommt Unternehmer von unter-nehmen, und nicht von unter-lassen!

//Kompetenz-Quotient zum Abgleich Eigenbild – Fremdbild

Ihren Kompetenz-Quotienten können Sie also leicht nach folgender »Formel« für sich einschätzen:

Kompetenz-Quotient = (SK + IK + FK + MK) x UF

Sie addieren also die Ergebnisse der Kompetenzbereiche und multiplizieren das Ergebnis mit dem Quadrat der »Umsetzungskompetenzen«.

Übung: Erarbeiten Sie sich die abgebildete Matrix mit Ihren persönlichen Kompetenzlevels. Schätzen Sie sich auch in der neuen »Kategorie« der aktivierenden Kompetenzen ein. Berechnen Sie Ihren Kompetenz-Quotienten.

Interessant wird es, wenn Sie bei der Übung Unterstützung durch Menschen erhalten, die Sie gut kennen und einschätzen können. So werden Sie Profile des Selbst- und des Fremdbildes erhalten – und im Abgleich ziemlich genau wissen, welche Kompetenzen Sie noch weiterentwickeln sollten.

Der Kompetenz-Quotient ist natürlich kein wirklich wissenschaftlicher Faktor. Es ist ein Indikator, der Ihnen gewisse Aspekte Ihrer unternehmerischen, wissensorientierten, Führungs- und Selbstführungspersönlichkeit anzeigt.

- Sie können diesen mit den Indikatoren Ihrer Freunde oder Kolleginnen abgleichen.
- Sie können damit sehr gut Eigen- und Fremdbild Ihres Kompetenzprofils abgleichen – was besonders dann erhellend sein kann, wenn Sie den Sprung in die Selbstständigkeit oder ein Start-up planen.
- Und Sie sehen damit ziemlich genau, welche Kompetenzen Sie eventuell noch weiterentwickeln könnten, um Ihre Positionierung und Ihr Persönlichkeitsmarketing (wirtschaftlich) erfolgreich zu machen.
- Und schließlich können Sie das Modell auch um eigene Kompetenzkriterien erweitern. Entscheidend ist nur, dass Sie die Vergleichbarkeit (Eigenbild/Fremdbild; Drittabgleich) berücksichtigen.

b@w //Für Fortgeschrittene: Die SWOT-Analyse

Wenn Sie Ihre Expertenpositionierung als Freiberuflerin oder Selbstständiger gewinnbringend an den Markt bringen wollen oder wenn Sie Ihren beruflichen Umstieg oder eine völlige Neuorientierung planen, weil dies eher Ihrer I-dentity entspricht, dann werden Sie nicht nur sich selbst mit einem ausgefeilten Kompetenzmodell, sondern auch Ihr Businessmodell mittels Businessplan absichern. Und spätestens dann macht es auch Sinn, eine persönliche SWOT-Analyse durchzuführen, um Ihre Positionierung mit den Anforderungen und Potenzialen des von Ihnen angepeilten Marktes abzugleichen.

Die SWOT-Analyse

Eine SWOT-Analyse stammt eigentlich aus der Unternehmens-beratung und umfasst eine Stärken-Schwächen-Analyse (Strength – Weakness) und eine Chancen-Risiko-Analyse (Opportunities – Threats) zur Bestimmung des Zukunftswertes eines Unternehmens. Die Kriterien dafür können Sie jedoch in groben Zügen auf Ihre Expertenpositionierung übertragen, um sich erfolgreich in den Markt einzubringen.

Untersucht wird bei der Stärken-Schwächen-Analyse die Position der eigenen Marktidee, des eigenen Geschäftsbereiches oder Unternehmens im Vergleich zu den stärksten Wettbewerbern. Beim »zweiten Teil«, der Chancen-Risiko-Analyse, wird die Marktattraktivität insgesamt beurteilt.

In der Praxis wird bei der Strength-Weakness-Analyse auch das Benchmarking eingesetzt.

Benchmarking:

Benchmarking ist der Vergleich von erfolgskritischen Parametern wie Kosten, Prozessen, Leistungen, Strukturen oder Strategien mit vergleichbaren Wettbewerbern im gleichen Marktsegment anhand von Kennzahlen oder Standards, um aus den besten Beispielen (best practice) zu lernen und Verbesserungsmöglichkeiten zu ermitteln. Kurz: Besser werden durch Lernen von den Klassenbesten.

//Benchmarking: kein »Abkupfern«, sondern Abgleich

Damit jetzt kein falscher Eindruck entsteht: Dabei geht es nicht darum, Geschäftsmodelle »abzukupfern«. Wenn ein Modell nicht zu Ihren Intelligenzen, Kompetenzen, Werten und Zielen passt, wird es eh nicht funktionieren – oder Sie verbiegen sich bis zum Unglücklichsein. Und genau das wollen wir ja vermeiden.

Sie können Ihre Positionierung, Ihren USP abgleichen und daraus Rückschlüsse ziehen ... wenn Sie wollen. Wenn Sie sich sicher sind, dass Sie Ihren Stand-Punkt gefunden haben, können Sie auch darauf verzichten, denn letztlich wird in jedem Fall Ihre innere Überzeugung und die damit einhergehende Begeisterung den Ausschlag für Ihren Erfolg geben.

Angenommen, Sie wollen sich um eine neue Stelle bewerben. Ihren USP haben Sie bestimmt. Wie können Sie jetzt den USP Ihrer Mitbewerber kennen lernen oder wenigstens begründete Vermutungen davon erlangen? Eventuell daraus Lehren ziehen (also ein – wie wir jetzt wissen – Benchmarking durchführen)?

Da gibt's nur einen Weg, da Sie ja nicht wissen, wer sich zusammen mit Ihnen für dieselbe Stelle interessiert: Schauen Sie sich Präsentationen und Bewerbungs-Webseiten im Internet an. Lesen Sie Beispielbewerbungen in Zeitschriften, die von Bewerbern mit ähnlichem Profil stammen. Schauen Sie sich die Stellengesuche in den überregionalen Wirtschaftszeitungen und in Ihrer Tageszeitung an.

Übung: Besorgen Sie sich solche Beispielbewerbungen aus allen üblichen Medien wie Internet-Jobportale, überregionale Zeitungen, Branchenmedien. Sammeln Sie gezielt für die Branche oder Tätigkeit, in der oder für die Sie sich bewerben möchten. Arbeiten Sie heraus, welche Aspekte die Bewerber betonen. Überlegen Sie im einzelnen Fall, warum der Bewerber dies geschrieben hat, welchen USP er also seinem zukünftigen Unternehmen oder der Branche anbietet. Legen Sie daraus Kompetenzlisten an, die Sie eventuell zur Ergänzung oder Inspiration verwenden können.

//SWOT-Analyse für den eigenen Expertenstatus

Einer der weiteren Vorteile einer SWOT-Analyse für Ihre Expertenpositionierung liegt darin, dass Sie dieses Instrument immer wieder zur Überprüfung und zur Marktanpassung nutzen können. Dabei können Sie – müssen aber nicht – den »Markt« durch die betriebswirtschaftliche Brille betrachten. »Markt« ist letztlich jedes Forum, in dem Sie sich positionieren möchten. Die Kriterien, die Sie nutzen, um Ihre Positionierung zu untersuchen, werden jeweils unter dem Aspekt der Stärke und der Schwäche sowie unter Chancen und unter Risiken betrachtet. Denn meist ist – Sie erinnern sich an die Übung der positiven Auslegung – ein Sachverhalt nicht nur einseitig förderlich oder hinderlich.

	Strengths (Stärken); u. a.:	**Weaknesses** (Schwächen); u. a.:
Kriterien im Unternehmensbereich (Auszug)	Allgemeine Unternehmenscharakteristika wie Umsatz, Rentabilität, Gewinn, Marktanteile, Cashflow etc.	Allgemeine Unternehmenscharakteristika wie Umsatz, Rentabilität, Gewinn, Marktanteile, Cashflow etc.
	Angebotspotenzial (Produkte und Dienstleistungen)	Angebotspotenzial (Produkte und Dienstleistungen)
	Preise und Konditionen	Preise und Konditionen
	Produktion/Fertigung/ Produktionslogistik	Produktion/Fertigung/ Produktionslogistik
	Forschung und Entwicklung	Forschung und Entwicklung

	Strengths (Stärken); u. a.:	Weaknesses (Schwächen); u. a.:
Kriterien im Unternehmensbereich (Auszug)	Finanzen: Eigenkapital, Fremdkapital und Kosten des Fremdkapitals, Liquidität Qualifikationsprofil des Managements (SIE)	Finanzen: Eigenkapital, Fremdkapital und Kosten des Fremdkapitals, Liquidität Qualifikationsprofil des Managements (SIE)
Kriterien bzgl. Ihrer eigenen Expertenpositionierung		

	Opportunities (Chancen); u. a.:	Threads (Risiken); u. a.:
Kriterien im Unternehmensbereich (Auszug)	Markt- und Wettbewerb (Branche): u. a. Marktstrukturen, Eintrittsbarrieren, Struktur und Stärke der Abnehmer Struktur und Stärke des Wettbewerbs Marktpotenzial/-volumen Kundenstruktur und Kundenwünsche: Key Buying Factors (KBFs)	Markt- und Wettbewerb (Branche): u. a. Marktstrukturen, Eintrittsbarrieren, Struktur und Stärke der Abnehmer Struktur und Stärke des Wettbewerbs Marktpotenzial/-volumen Kundenstruktur und Kundenwünsche: Key Buying Factors (KBFs)

	Opportunities (Chancen); u. a.:	Threads (Risiken); u. a.:
Kriterien im Unternehmensbereich (Auszug)	Wettbewerb/Konkurrenz: u. a. Zahl, Marktanteile und Strategien der Wettbewerber	Wettbewerb/Konkurrenz: u. a. Zahl, Marktanteile und Strategien der Wettbewerber
	Gesetzl./staatliche Rahmenbedingungen	Gesetzl./staatliche Rahmenbedingungen
	Gesellschaftliche Rahmenbedingungen	Gesellschaftliche Rahmenbedingungen
	Einstellungen/Wertvorstellungen, Mentalität	Einstellungen/Wertvorstellungen, Mentalität
	Wirtschaftslage	Wirtschaftslage
Kriterien bzgl. Ihrer eigenen Expertenpositionierung		

Übung: Hier – und ausgefeilter im Internet-Workshop zu diesem Buch – finden Sie eine sehr kurz zusammengefasste SWOT-Analyse in Tabellenform. Diese können Sie als Grundlage für Ihre persönliche Analyse Ihrer Expertenpositionierung, Ihres geplanten Erfolgszieles nutzen. Passen Sie die Kriterien entsprechend Ihrer Positionierung an. SWOT-Analysen lassen sich auch sehr gut auf persönlich-private Ziele übertragen, wenn Sie die Kriterien nicht zu betriebswirtschaftlich anlegen.

Tipp: Wiederholen Sie Ihre SWOT-Analyse in längeren Zeitabständen, um Ihre aktuelle Marktpositionierung zu überprüfen und anzupassen.

EVA: DAS Marktpositionierungsargument

► »Cherchez la femme« hieß es in den alten Hercule-Poirot-Detektivstorys immer, denn irgendwie hing alles mit einer sexy Frau zusammen. Und endlich kommt hier die Frau, EVA, ins Spiel.

Ach nein – sex sells –, ich hab's nur gebraucht, um Ihre Aufmerksamkeit weiter zu steigern. Auch nur Marketing ...

Aber seien Sie nicht enttäuscht, denn diese EVA ist für den Fortgang Ihrer persönlichen Marketingstory mindestens so wichtig wie jede geheimnisvolle Eva für Hercule-Poirot-Storys.

//Emotionaler Mehrwert – was können Sie der Welt geben?

Erfolgreiches Persönlichkeitsmarketing, also die erfolgreiche Positionierung Ihrer Person, Ihrer I-dentity und Ihrer Kompetenzen im Markt, hat immer zwei Perspektiven:

01. Die von Ihnen auf den Markt und
02. die vom Markt auf Sie.

Die Fragen dahinter heißen:

01. Welchen Nutz-Wert, welchen Mehr-Wert gibst DU mir, dem Markt, mit deiner Positionierung, mit deinem Expertentum, mit deinem USP?
02. Welchen Sinn will ich (also SIE) meiner Marktpositionierung geben?

Ja, Sie haben es erkannt: Es geht von beiden Seiten eigentlich um das Gleiche: um Sinn. Sinn ist letztlich die höchste Stufe Ihrer Werteorientierung. Sinn fragt nach dem »Wozu«. Und diese Frage des »Wozu« können Sie für sich (jetzt) mit Ihren werte- und kompetenzbasierten Zielen beantworten. »Auf Marketing« könnte man dazu auch sagen: Es geht um Ihre Vision und Ihre Mission. Auf Kürzest-Formel gebracht: Ihre Vision besagt, wie Sie sich in Ihrer Zielvorstellung, in der erfolgreichen Situation, sehen. Die Mission besagt, was Sie der Welt geben wollen; was Sie ihr Besonderes geben können. Auch hier geht es wieder um einen Wert, wenn »der Markt« es Nutz-Wert oder Mehr-Wert nennt. Und das wird schlicht auch »Value Added« genannt.

Übung: Formulieren Sie – mit viel Zeit – schriftlich:

● Meine Vision (fünf Jahre, zehn Jahre, Lebensziel)

● Meine Mission

Ihre Mission wird leicht zu Ihrer erfolgreichen Positionierung im Markt werden, wenn sie mit Ihrem USP zusammenfällt. Und wenn sie gerade mit Ihren Kernkompetenzen übereinstimmt. Wenn Ihre Mission ist: »Ich bringe erwachsenen Menschen leicht und schnell Lesen und Schreiben bei«, dann könnte Ihr USP ungefähr heißen: »Ich habe eine einzigartige Lehr-Methode entwickelt« oder »Ich bin der Experte für leichten Wissenserwerb, speziell bei Erwachsenen«. Und dann sollten Sie natürlich auch über ein entsprechendes Set an Kernkompetenzen verfügen.

Da Sie bisher alle diese genannten Faktoren auf Ihrem Wertesystem und bausteinmäßig nacheinander aufgebaut haben, ist diese
Kongruenz sehr wahrscheinlich. Und dann wird Ihnen eben nicht
passieren, was den scheinbar erfolgreichen Jungmanagern aus unserem Eingangsbeispiel passiert ist: Dass der Einsatz ihrer Fertigkeiten
und Fähigkeiten vielleicht nur auf einem von außen angenommenen
Sinngerüst – wenn überhaupt – beruht und dass diese Diskrepanz
auf Dauer auslaugt und krank macht.

Übung: Setzen Sie sich noch einmal reflektierend mit dem grundle-
genden Kreislauf für erfolgreiches Persönlichkeitsmarketing auseinander:

● So weit stimmt meine Mission mit meinem USP überein:

● Habe ich die erforderlichen Kernkompetenzen, die ich (vermutlich) für
die Umsetzung meiner Mission benötige?

//Sinn schafft Mehr-Wert – durch Begeisterung

Da schließt sich wieder der Kreis: Sinn schafft Begeisterung. Begeisterung ist eine starke Emotion. Eine starke Emotion, die, da sie
auf Ihren persönlichen Werten beruht, lange tragen wird. Eine starke Emotion, die nicht nur Sie antreibt, sondern auch den Markt.

Und damit haben wir auch EVA entschlüsselt: den Emotional
Value Added. Den Sinn-Mehr-Wert, den Sie mit Ihren Kompetenzen
bringen können.

Mit Sinn betreiben Sie emotionsgeladenes Persönlichkeitsmarketing. Und Sie sind glaubhaft. Weil Sie nichts (oder wenig) anderes
tun als das, woran Sie glauben. Was Ihnen wirklich wichtig ist.

Und das werden Sie mit Begeisterung zweifellos so gut machen, dass der Erfolg nicht ausbleiben kann.

> **EVA:**
> Emotional Value Added = emotionaler Mehr-Wert
> Die Marketingliterartur kennt noch eine andere EVA: Economic Value Added. Da sich künftig aber eindeutig die emotionalen Erlebnis-welten entscheidend wichtiger entwickeln werden als ökonomische Vorteilsargumente, führen wir mit unsere EVA ein Gewinnmodell unter Aspekten des Persönlichkeitsmarketings in die Gesellschaft ein.

//Sinn-volle Begeisterung zeitigt Erfolge – garantiert!

»Wenn wir es schaffen, Moral und Ethik in unser wirtschaftliches Handeln mit einzubeziehen, werden wir noch größeren Erfolg haben. Zu deutsch: mehr Geld verdienen.«
Daniel Goeudevert (*1942), Topmanager

... so kann man es natürlich auch sagen. Der Effekt des Persön-lichkeitsmarketings, das auf Ihrer I-dentity beruht, ist also Erfolg. Er-folg – also die Folge dessen, was wir tun – kann in Ihrem Werte-system allerdings unterschiedliche Bedeutungen haben:

- Zufriedenheit = das Gefühl, das sich bei erreichten Zielen einstellt
- Authentizität = Sie können (auch beruflich) leben, was Sie ausmacht und woran Sie glauben
- Aufbau einer selbstständigen Existenz oder eines Start-ups
- Karrierefortschritt
- Höheres Einkommen
- (Wissenschaftliche oder berufliche) Reputation

► **Professioneller Auftritt**

Mit dem Kern des Persönlichkeitsmarketings – der Persönlichkeit und dem Sinn – haben Sie sich eingehend beschäftigt ... und werden das sicher immer weiter tun.

Sagen wir mal: Sie haben jetzt sehr schöne Inhalte. Jetzt geht's um die schöne Verpackung und die schöne Kommunikation dafür. Kommunikation nutzen wir jetzt im weiteren Sinne (communicare = mitteilen) als »Mitteilung über Sie«. Das heißt, letztlich sind nicht nur Ihre faktischen »Marketing- und Werbemaßnahmen« darunter zu verstehen, sondern auch alle Signale und alle Informationen, die Sie via

- Stil,
- Verhalten,
- Aussehen (Look, Outfit),
- Körperhaltung und -sprache und
- Rhetorik (Kommunikation im engeren Sinne)

über sich mitteilen.

Stil als Mittel der PowerPersönlichkeit

»Nur ein großer Geist wagt es, einfach im Stil zu sein.«
Stendhal (1783–1842)

► Zu gutem Stil gehört es zwar sicher auch, sich nicht selbst als »großen Geist« zu bezeichnen – doch das Argument der Einfachheit trifft. Einfach heißt dabei, dass der Stil als »ausstrahlendes Kommu-

nikationsmittel« tatsächlich zum Inhalt – wir wollen es hier nicht
Produkt nennen – passt. Es sollte eine einfache, stimmige Verbin-
dung zwischen innerer Bedeutung und äußerer Verpackung geben.
Das heißt eben gerade nicht, dass jede und jeder als absoluter
Design-Purist durchs Leben schreiten muss. Es heißt, wie in den
Kapiteln zuvor in anderen Zusammenhängen, dass es eine Kongru-
enz zwischen »Innerem« und »Äußerem«, eine Authentizität geben
muss. Stil kann man demnach als »die Fortführung der (inneren)
Werte mit anderen Mitteln« bezeichnen.

Und daher gehört zum Stil Ihrer I-dentity auch der Lebensstil.
In dem Sinne, wie Sie mit sich und Ihrem Körper umgehen und
welche Glaubenssätze Sie dabei leben.

//Lebensstil: Wie gehen Sie mit Körper und Seele um

*»Ändert sich der Zustand der Seele, so ändert dies zugleich auch das
Aussehen des Körpers und umgekehrt: Ändert sich das Aussehen des
Körpers, so ändert dies zugleich auch den Zustand der Seele.«
Aristoteles (384–322 v. Chr.), griech. Philosoph*

Tja, da kann quadratkilometerweise Holzeinschlag für neue Well-
ness-Bücher eingespart werden, wenn Sie für sich annehmen, was
Aristoteles bereits im Altertum festhielt – und was damals sicher bereits altes Wissen vieler Weisen und Heiler war. Und deswegen werde ich hier nicht noch ein Buch darüber schreiben ... und kann das
Thema nur streifen. Wichtig ist, dass Sie sich über einige Ihrer
Glaubenssätze über sich selbst im Klaren sind (oder in Kapitel 2 klar
geworden sind), die Sie unbewusst leben und die sich über Ihre
mentale Einstellung auch auf Ihren Körper auswirken. Vielleicht haben Sie bei der Betrachtung Ihrer hinderlichen Glaubenssätze auch
schon herausgefunden, was Sie künftig »glauben« und umsetzen
wollen. Weil Sie wissen, dass ein guter Geist in einem gesunden
Körper wohnt. Und da diese Glaubenssätze in direktem Zusam-

menhang mit Ihrem Erfolgspotenzial stehen, hier eine Checkliste
für Sie:

b@w Glaubenssatz	Trifft für mich zu	Trifft für mich ein wenig zu	Trifft für mich nicht zu
»Man muss ja nicht jedem gleich auf die Nase binden, wie's einem geht.«	☐	☐	☐
»Sport ist Mord.«	☐	☐	☐
»Du bist, was du isst!«	☐	☐	☐
»Wenn ich Stress hab, muss ich essen.«	☐	☐	☐
»Ich kann morgens einfach nichts essen.«	☐	☐	☐
»Schlafen kann ich, wenn ich tot bin.«	☐	☐	☐
»Rund – na und?!«	☐	☐	☐
»Wenn's gesund ist, schmeckt's nicht.«	☐	☐	☐
»Stress? Da brauch ich eine Zigarette!«	☐	☐	☐
»Auf die Dauer hilft nur Power.«	☐	☐	☐

Glaubenssatz	Trifft für mich zu	Trifft für mich ein wenig zu	Trifft für mich nicht zu
»Ich muss mich erst mal um meine Familie kümmern.«	☐	☐	☐
»Man sieht sich immer zweimal im Leben.«	☐	☐	☐
»Ich hab so viel Arbeit, ich kann mir keine Freizeit leisten.«	☐	☐	☐
»Ich warte nur aufs Wochenende.«	☐	☐	☐
»Ich freu mich auf mein Bierchen, wenn ich von der Arbeit komme.«	☐	☐	☐
»Ich würd ja mehr Sport machen, aber ich hab wirklich keine Zeit. Das ist einfach nicht zu schaffen.«	☐	☐	☐
»Der Chef hat mich doch auf dem Kieker.«	☐	☐	☐
»Ich hab eine mitreißende Ausstrahlung, das weiß ich.«	☐	☐	☐
»Da muss ich eben durch, koste es, was es wolle.«	☐	☐	☐

Glaubenssatz	Trifft für mich zu	Trifft für mich ein wenig zu	Trifft für mich nicht zu
»Wenn ich an den/das denke, dann kommt mir echt die Galle hoch.«	☐	☐	☐
»Don't worry, be happy.«	☐	☐	☐

Übung: Kreuzen Sie in der Checkliste an, inwieweit diese Glaubenssätze auf Sie zutreffen beziehungsweise inwieweit Sie diese verinnerlicht haben. Im Internet-Workshop finden Sie eine Beschreibung der Auswirkung der unterschiedlichen Checkpunkte auf Ihre körperliche Konstitution.

Fallen Ihnen noch weitere Glaubenssätze ein, die sich, wenn Sie darüber nachdenken, vermutlich auf Ihr Körpergefühl oder Ihre körperliche Ausstrahlung auswirken?

Bedenken Sie: Ihr Körper ist mit Ihr wichtigstes Kapital im Persönlichkeitsmarketing. Und so, wie Sie mit sich und mit Ihrem Körper umgehen, so wird Ihre körperliche Ausstrahlung auf Ihre Umgebung sein. Wer mit sich »haust«, der kann nicht strahlend wirken. Und wer achtsam mit sich umgeht, der trainiert auch seine Achtsamkeit nach außen. Und genau in diesem Spannungsfeld bewegt sich Ihr Stil (»Fortführung der Werte mit anderen Mitteln«).

Busiquette – eine Frage des Stils

»Um Erfolg zu haben, muss man aussehen, als habe man Erfolg.«
Valentin Polcuch (*1911)

► Unter dem Blickwinkel, dass Erfolg durchaus für jeden etwas anderes bedeuten kann, ist das nur zu wahr. Jede soziale Gruppierung gibt sich ein Set von Verhaltensmaßregeln, Kodizes und Codes, die sie von anderen unterscheiden soll. Da es Ihr Ziel ist, beruflich-wirtschaftlich erfolgreich mit Ihrer I-dentity zu sein, werden Sie diese »Regeln« aus zwei Perspektiven betrachten:

01. Welche Kodizes und Codes gibt es in der Business-Gruppe, in der geschäftlichen Umgebung, in der ich erfolgreich sein will?
02. Welche Kodizes und Codes stimmen mit meiner Persönlichkeit, meinen Werten und Zielen überein?

//Busiquette hat einen gesellschaftlichen Sinn

Die Busiquette (Etikette im Business) macht prinzipiell Ihr Leben leichter, denn das branchenspezifische Regelwerk aus DOs und DON'Ts, aus akzeptierten Verhaltensmustern und erwartetem Auftreten gibt Orientierung, ermöglicht ein schnelles Erlernen der »Spielregeln« und ein möglichst unkompliziertes Miteinander in der jeweiligen Business- oder sozialen Gruppe. Vielleicht wird es dabei Regeln geben, die nicht mit Ihren Werten übereinstimmen. Dann versuchen Sie, diese umzudeuten und für Ihre Umgebung eine gute Erklärung zu finden. Der Markenfetischismus hier, der übliche Alkoholkonsum dort, die Einladung zur Jagd, ja selbst die »Kleiderordnung« mag Ihnen aufgesetzt erscheinen. Dann machen Sie nicht mit und bieten Sie Ihrer Umwelt eine positive Alternative. Denn: Keine Gruppe mag es, kritisiert und in ihren Normen abgelehnt zu werden. Wenn Sie nicht normiert werden wollen – und gerade das betrachten wir hier als einen der wichtigsten Werte –, dann drängen Sie Ihre Normen aber auch nicht den anderen auf.

> **Busiquette:** Etikette im Business
> **Netiquette:** Etikette bei der Kommunikation im Internet (E-Mail, Chat, Messenger, Foren, ...)

//Die Erwartungshaltung: Der branchengerechte Stil

Vielleicht ist es erstaunlich, wie weitgreifend die Erwartungshaltung an die Busiquette ist. Beispiel: 95 Prozent der Deutschen erwarten laut einer Infratest-Umfrage im Auftrag eines Finanzdienstleisters von ihrem Bank- oder Versicherungsberater geschliffene Umgangsformen. 92 Prozent zudem ein gutes Allgemeinwissen. Eine »gewisse Ausstrahlung« verlangen 70 Prozent der männlichen und 80 Prozent der weiblichen Kunden, von der korrekten Kleidung ganz zu schweigen. Keiner dieser Faktoren hat das Geringste damit zu tun, wie kompetent der Finanzberater ist, wie aufrichtig, ehrlich und im Sinne der Kunden denkend. Gehört dies aber zu Ihren Werten, dann sollten Sie sich um die entsprechende Verpackung kümmern, damit der Kunde sie Ihnen auch »abkauft«. Der gute Inhalt braucht die entsprechende Verpackung – während, und das zeigen Studien auch, von einer schönen Verpackung immer wieder fälschlicherweise auf einen guten Inhalt geschlossen wird.

Der angemessene Business-Look

► Gehen wir davon aus, dass Sie einen guten Inhalt – und nur der
setzt sich auf Dauer durch – entsprechend präsentieren wollen,
dann werden Sie auf den üblichen = erwarteten Business-Look der
Branche zurückgreifen. Die Erwartungshaltung zeigt, dass es sich
auch hier um ein Set an Konventionen handelt, dem eigentlich recht
einfach zu entsprechen ist.

Die Grundregel:
Begegne den Menschen auf Augenhöhe und in ihrer Zeichenwelt.
Das stellt sofort eine Verbindung her und macht sympathisch.
Menschen fühlen sich unbewusst in der Umgebung am wohlsten, de-
ren Zeichenwelt sie verstehen. Umgekehrt: Senden Sie verständliche
Signale aus der gleichen Zeichenwelt, ordnen Ihnen Menschen sofort
und unbewusst positive Sympathiewerte zu.

//Der Business-Look: Einfach(e) Konventionen

Das heißt: Die Zimmerfrau trägt Praktisches zum Vorstellungsgespräch, Blaumann auf dem Bau und Kostüm beim Kreditberater
der Bank. Der Architekt versucht lieber gar nicht erst, die Leute am
Bau durch sein feines Garn zu beeindrucken, sondern durch seine
verständliche Sprache. Ja, der Werber trägt immer noch gerne
Schwarz (wenn auch heute ohne den jahrelang üblichen Pferde-
schwanz), die Bankkauffrau ein schlichtes Kostüm oder einen gut
geschnittenen Hosenanzug und der Büro-Bewerber einen Anzug
mit Krawatte, sorgsam gepflegte Schuhe und tendenziell keinen
Schmuck außer der Uhr. Beim Trainee sind schon ein paar optische
Eigenheiten erlaubt – wenn Sie wirklich authentisch zu seiner
Persönlichkeit passen. Wenn Sie zur Mehrzahl der »Büro-Menschen«

gehören, können Sie sich mit wenig Aufwand eine Grundgarderobe zusammenstellen, mit der Sie als Frau von Vorstellungsgespräch über Meeting bis Kundenveranstaltung richtig gekleidet sind. Diese so genannten Basics werden durch eine Reihe von Acessoires ergänzt, mit denen Sie sie jeweils passend abwandeln können.

Checkliste Basics »Sie«:
- Weiße Blusen, niemals transparent
- Schwarze Hosen
- Einfarbige Rollkragenpullover (Seide)
- Twinset
- Blazer
- Hosenanzug
- Kostüm mit gerade geschnittener Jacke und knieumspielendem Rock
- Materialien: Kaschmir und hochwertige Wollstoffe für Hosenanzüge und Kostüme
- Seide für Blusen und Rollkragenpullover (Mischungen, dünnes Garn)
- Baumwolle/Mischgewebe für weiße Blusen
- Mittelhohe Pumps in mehreren Farben, modische Sneakers

//Farben und Designs unterstreichen Ihre Persönlichkeit

Diese Grundausstattung ist umso günstiger und umfangreicher kombinierbar, je besser Style und Farben zu Ihnen und untereinander passen. Es gibt halt Courège-Typen und Rüschen-Typen. Das ist nicht zu werten – denn für jeden Typ gibt es auch eine Entsprechung in der aktuellen (Business-)Mode. Und es gibt Farben, die Ihren (Haut-)Typ besonders gut hervorheben und auch noch untereinander kombinierbar sind – und es gibt Farben, die Sie optisch erschlagen, Styles (Designs), die nicht zusammenpassen, und Muster, die sich beißen.

Wenn Sie sich dabei nicht sicher sind, kann die einmalige Investition in eine Farb- und Stilberatung sinnvoll sein. Adressen finden Sie beispielsweise über Trainer- und Coach-Datenbanken im Internet und auch auf Empfehlung. Testen Sie die Anbieter aber persönlich! Die Ausbildung muss stimmen – und auch die Wellenlänge. Und schauen Sie sich den Style der – mehrheitlich – Damen an: Wer altbacken aussieht, wird Sie auch altbacken beraten. Wer edel erscheint, hat womöglich eher ein Händchen für edle Attribute. Wer die modernen Styles kennt, wird Sie darin auch beraten können. Welche Sneakers zurzeit angesagt sind? Man kann der Ansicht sein, dass nichts auf der Welt weniger relevant ist. Will man jedoch den angesagten lässigen »casual« Business-Style tragen und erwartet eine Beratung dazu, dann ist das interessant.

Casual Business-Look

Lockere Businessmode: gute und hochwertige Einzelstücke, die lässig kombiniert werden. Auch wenn der aus den USA stammende Trend des »casual friday«, des »lässigen Freitags«, hierzulande in Unternehmen schon wieder auf dem Rückzug ist, gibt es doch Branchen und Firmen, in denen man (bei manchen Gelegenheiten) auf Anzug, Krawatte und Kostüm verzichten kann. Zum Blazer trägt Frau dann T-Shirt statt weißer Bluse und eine Designer-Jeans, zum schicken Hosenanzug trendige Sneakers und Mann trägt Rollkragen zum Sakko.

//Basics reduzieren den Aufwand

Die Grundgarderobe für »ihn« folgt den gleichen Grundregeln der einfachen Kombinierbarkeit und businessgerechten Aussage. Sie ist schnell zusammengestellt:

Checkliste Basics »Er«:

- Zwei- und dreiteilige Businessanzüge (Ein- und Zweireiher ausprobieren)
- Business-Hemden in Weiß, Blau- und Beigetönen sowie je nach Typ auf Rot basierenden Tönen (keine Button-downs)
- Je nach Typ Hemden in Schwarz und dunklen Tönen (Winterdarks)
- Hemden mit Doppelmanschetten für Manschettenknöpfe
- Ein Set an je aktuellen Krawatten
- Kaschmir-Rollis in Beige, Grau oder Anthrazit und Schwarz
- Kombinations-Sakkos
- Evtl. einen modern-stylischen Anzug (sehr schmal, gestreift oder der typische »sophisticated« Cordanzug)
- Dunkle Baggy oder schwarze Jeans
- Lange Socken, die immer einen Ton dunkler als die Kleidung sein sollten
- Hochwertige Schnürschuhe in Schwarz- und Braun-Tönen

Die intelligent zusammengestellte Grundgarderobe hat ein paar Vorteile:

- Sie werden zu jedem Anlass passend gekleidet sein.
- Damit treffen Sie die »Zeichensprache« Ihrer Umgebung.
- In tendenziell unangenehmen Situationen gibt Ihnen diese Ausrüstung »Schutz«, denn Sie werden sich gut fühlen. Nichts ist schlimmer, als während des Vorstellungsgespräches darüber nachdenken zu müssen, ob der Rock zu weit hochrutscht oder das Hemd wohl knittert.
- Geschäftsreise? Kein Problem: Mit passenden Kombinationen aus den Basics haben Sie in Rekordzeit Ihren Koffer gepackt.
- Sie müssen keine Zeit und keine weiteren Gedanken für Ihre Kleidung aufwenden. Sie haben wirklich an Wichtigeres zu denken.

Accessoires: Was davon »sind Sie«?

► Ihre äußere Erscheinung wird ja nicht nur durch die Kleidung bestimmt, sondern ist eine »Zusammenschau« weiterer Faktoren wie der Körpersprache, der Gestik und Mimik, aber auch der »optischen Veredelung« durch Make-up, Frisur und Accessoires. Den körpersprachlichen Aspekten wenden wir uns später zu – jetzt soll es noch um die Frage gehen, welche Accessoires und modischen Aussagen zur Unterstützung Ihrer I-dentity im Rahmen Ihres Persönlichkeitsmarketings angebracht sind.

//Ausdruck der I-dentity: Markenzeichen

Es gibt einen Politiker, der trägt immer einen roten Schal. Es gibt einen älteren Showstar, der trägt immer einen weißen. Es gab früher mal eine Kinomagazin-Moderatorin bei einem Privatsender, die trug immer ein Stirnband. Es gibt einen Sportmoderator mit Minipli. Und einen, den niemand mehr wiedererkannte, als er seinen ewigen Schnäuzer abrasierte. Es gibt einen amerikanischen Rapstar, der trägt immer ein riesiges Diamant-Kreuz. Es gab einen glatzköpfigen Fernseh-Detektiv, der hatte immer einen Lolli im Mund, und einen Fernseh-Anwalt, der hatte immer kreischbunte Krawatten um. Es gibt einen Modezaren, der trägt (immer noch!) Zopf. Es gibt einen Sänger, der trägt immer eine Brille mit gelben Gläsern, und einen ehemaligen Krawallrocker, der trägt immer Hut.

Bei (fast) allen Beispielen dürfte Ihnen sofort klar sein, um wen es sich handelt. Diese Menschen haben für sich ein Accessoire zum Markenzeichen entwickelt. Sie bedienen sich zu 99 % der Zeichensprache ihrer Umgebung, kleiden sich »konform« mit ihrer sozialen oder Business-Gruppe. Und dann haben sie das eine Accessoire gewählt – so »unmodisch« oder »no go« es auf den ersten Blick scheinen mag –, das ein bisschen mehr über ihre Persönlichkeit verrät und das zum besonderen Zeichen ihrer selbst geworden ist: Persönlichkeitsmarketing!

//Das besondere Extra für Ihr Persönlichkeitsmarketing

Wenn Sie ein wenig nachdenken, werden Ihnen auch aus Ihrer unmittelbaren Umgebung gute Beispiele dafür einfallen: Der Kommilitone, der schon seit Anfang 20 einen glatt rasierten Kopf trägt, die Kollegin mit den bunten Halstüchern, der Marketingleiter mit dem riesigen Schnauzbart, der Kunde mit den vielen Trachtenjacken und -symbolen, die Auszubildende mit dem auffälligen Ohrring, Ihr Kumpel mit der knallblauen Designerbrille ...

Für einige von Ihnen kann das eine sehr gute Möglichkeit sein, sich im Rahmen des »gesellschaftlich Akzeptierten« etwas aus dem »gesellschaftlichen Konformismus« herauszuheben. Kreieren Sie Ihren Style-Code, der das entscheidende kleine Bisschen mehr über Ihre I-dentity verrät. Aber auch hier gilt: Bleiben Sie authentisch! Es bringt gar nichts, sich einen »optischen Gag« zu überlegen, wenn er nicht wirklich einem Bedürfnis oder einer Liebe zu einem bestimmten Detail entspringt. Dann wirkt's aufgesetzt – und durchhalten werden Sie's auch nicht.

//Die DOs and DON'Ts

Wenn Sie sich in der »üblichen« Geschäftswelt bewegen, gibt es für alle Faktoren des Outfits und des Looks eine Reihe von einfachen Regeln und »no gos«, die man unterlassen sollte. Hier ein Überblick, der vor allem Frauen gewidmet ist:

Accessoires

Je weniger, desto besser.	Die Standard-Regel: Keinesfalls mehr als sieben Teile, wobei die Ohrringe als zwei gelten.
Nur Hochwertiges (hochwertige Materialien, Designer; das muss nicht immer Gold oder Platin heißen, Steine müssen nicht echt sein).	Billiger Schmuck sieht billig aus.
Keine »Blender«, Plagiate.	Plagiate sind billig und wirken billig. Etwas Nachgemachtes kann nicht wirklich Ihrer Persönlichkeit entsprechen, oder?
Praktisch: Perlen (wenn sie Ihnen stehen).	Perlen sind zeitlos, wirken immer edel und elegant, müssen nicht echt sein und haben doch einen edlen Lüster. Modern: viele Perlenketten in verschiedenen Längen zu Jeans oder Top; zum Kostüm nur abends, macht älter.
Keinesfalls: • mehr als zwei Ringe • klimpernde Armreifen • Neonfarben • einzelne große Ohrringe • sichtbare Körperpiercings	Plastik/Kunststoffe nur, wenn's vom Designer ist; am besten aber gar nicht.

Accessoires

Aktualität!

Accessoires bilden eine günstige Möglichkeit, Ihre Grundgarderobe immer wieder zu variieren. Achten Sie darauf, immer aktuelle Accessoires zu haben, nichts sieht gestriger aus als ein unmodernes Accessoire.

Mann trägt eine sportliche oder edle Uhr, Ring (Ehering und Siegelring rsp. Schmuckring ist o. k.), für den gepflegten Auftritt Manschettenknöpfe in der Umschlagmanschette. Eventuelle Kettchen oder Armbänder sollten wie Körperpiercings unter der Kleidung verschwinden.

Ohrring ist mittlerweile so out, dass er kaum noch getragen wird. In manchen Unternehmen wäre er aber auch nach wie vor nicht erlaubt. Krawattennadeln oder -spangen sind so out wie die Krawatte vom letzten Jahr.

Zusätzl. Accessoiremöglichkeiten für Männer:

- Kleine Anstecknadel als »Markenzeichen«
- Fliege statt Krawatte als »Markenzeichen«
- Schal
- Einstecktuch (passt farblich immer zur Krawatte, aber niemals derselbe Stoff/dasselbe Muster)

Frisur

Je simpler die Frisur, je besser der Schnitt.	Simple Frisuren und gute Schnitte geben Ihnen maximale Freiheit. Sie sehen nach einem langen Arbeits- oder Reisetag ohne großen Aufwand noch gepflegt aus.
Vor allem: glatte Spitzen.	Aufgerautes Haar, »zuppelige« Spitzen: Das sind die »schiefen Absätze am Kopf«. Absolutes »no-go« ... genau wie schiefe Absätze an Schuhen eben.
Knallfarbige Strähnchen: fast immer »no-go«.	Ton in Ton Rot etc. ist erlaubt. Bunte Strähnen nur in kreativen Berufen und bei sehr jungen Frauen. Dunkel gefärbtes Unterhaar oder platinblondes Deckhaar ist tendenziell out. Auch wenn der Trend hier wechselt: Ein sehr guter Friseur wird Sie so beraten, dass Sie nicht billig-modisch aussehen.
Lange, offene Haare und verspielte Lockenfrisuren stehen für Mädchenhaftigkeit.	Bei bestimmten Gelegenheiten wie Verhandlungen Haare zusammenbinden oder hochstecken; Mädchenhaftigkeit kann Ihren kompetenten Eindruck nach außen hin beeinträchtigen.

Make-up

Wie bei Accessoires: Weniger ist mehr.	Starkes Make-up wird immer noch als Beschädigung Ihres kompetenten Eindrucks verstanden. Zudem als Maske oder Mauer der Unsicherheit. Haben Sie nicht nötig, wenn Sie I-dentity haben!
Nicht ganz auf Make-up verzichten.	Ein Minimum an Grundierung egalisiert Ihr Hautbild und wirkt gepflegt. Leichtes Augen-Make-up öffnet und vergrößert die Augen optisch, damit wirken Sie wacher, zugewandter, interessierter. Farbige Lippenpflege nicht vergessen.
Eher nein: knallrote oder sehr dunkle Lippenstifte.	Sehr dunkle Lippenstifte machen die Lippen optisch schmal und das Gesicht hart. Sie brauchen unbedingt eine ausgemalte Kontur, die Verwischen oder »Ausfransen« vermeidet. Knallrote Lippenstifte werden als Sexsymbol betrachtet und schüchtern viele Menschen ein.
Grundregel: entweder betonte Augen oder betonter Mund.	Zartfarbige Lippenpflege, Glanz- oder Fettstifte, helle Lippenlacke und rosige Töne lassen Ihre Lippen gepflegt, aber natürlich erscheinen (so genannter »nude look«).

Make-up

Gepflegte Hände mit manikür-
ten Nägeln sollten für beide
Geschlechter normal sein.

Nägel sollten nicht zu lang
sein, Kunstnägel werden fast
immer als solche und als billig
erkannt. Keine ultraknalligen
Farben und v. a. im Business
keine läppischen aufgeklebten
Glitzersteinchen und Effekte.

Kleidung

Keine tiefen Dekolletés, keine
transparenten Tops.

Niemals bauchfrei – weder im
Sommer noch als sehr junge
Frau. Blusen und Pullover
niemals zu eng/körperbetont.

Offen eingesetzte sexuelle
Attribute beschädigen die professionelle Kompetenz. Die
Geschäftswelt ist kein amerikani-
scher Serienkitsch, in denen aus-
schließlich sexy Top-Models
Unternehmen leiten.

Bloße Arme und Beine wer-
den immer noch als unange-
messen angesehen.

Auch im Sommer Tops mit mindestens kurzen Ärmeln. Immer
Nylonstrümpfe; im Sommer auf
fersenfreie achten.

Angemessene Rocklänge:
knieumspielend.

Angemessene Rockform- und
länge hängt natürlich von der
Form Ihrer Beine ab. Röcke dür-
fen höchstens 2,5 cm über dem
Knie enden. Machen Sie die
Sitzprobe:

Kleidung

Angemessene Rocklänge: knieumspielend.	Wenn der Rock beim Sitzen hochrutscht, darf nur wenig Haut über dem Knie zu sehen sein. Wiederholen Sie die Sitzprobe mit übereinander geschlagenen Beinen: Wenn der Rock zu hoch rutscht, ist er nichts fürs Büro, Sie können sich nicht den ganzen Tag mit dem Herumzupfen am Rocksaum blockieren!
Auf hochwertige Schuhe achten!	Das tut Ihr Gegenüber unbewusst auch bei Ihnen. Mittlere Höhe, gerade Absätze, gepflegtes Leder, keine Plateausohlen.
Klassische Schnitte der Grundgarderobe mit ausgefallenen Einzelstücken und Accessoires aufpeppen.	Basics unifarben wählen, bei den Tops und Accessoires in Muster und Farbe variieren.

Kür oder K(r)ampf: Auf der Event-Bühne

► Mit den Checklists der vorigen Seiten sind Sie sicher, dass Sie für Vorstellungsgespräch wie für den täglichen Job richtig gerüstet sind. Doch ob als Angestellte(r) oder als Ich-AGler oder Selbstständige(r) – Sie werden zu einer Vielzahl von Events, Firmenfeiern, hochrangigen privaten Einladungen, Kulturveranstaltungen und eventuell informellen Wochenenden eingeladen werden, die Sie im Sinne Ihres Persönlichkeitsmarketings annehmen werden. Nein. Sie werden nicht behaupten, dass die Kinder krank sind oder Sie keine Zeit haben, bloß weil Sie vielleicht befürchten, was falsch zu machen! Sie brauchen diese Bühnen für Ihr Marketing ... und Bangemachen gilt nicht!

//Persönlichkeitsmarketing braucht den Markt »Event«

Leider zeigt die Erfahrung, dass jede Form von Publicity besser zu sein scheint als »in Würde in der Bedeutungslosigkeit zu verschwinden«. Wenn man schon arg auf dem Weg nach unten ist, dann sucht man unter Marketinggesichtspunkten extrem die Öffentlichkeit, lässt sich für ein Dschungelcamp anwerben, achtet darauf, dass möglichst viel der unbedeckten Hautoberfläche von möglichst vielen Menschen gesehen wird, trampelt verbal auf den Nerven der Mitmenschen rum, zeigt Tischmanieren, die zuletzt einem Australopithecus zugestanden wurden, und ist zufrieden damit, dass die Welt einen künftig mit der Abnormität seines Verhaltens in Verbindung bringen wird. Hauptsache, man erinnert sich.

Sind Sie auf dem Weg nach oben, zu Ihrem Werte-Ziel, dann werden Sie des Öfteren die Öffentlichkeit suchen müssen – oder können ihr nicht entkommen. Kurz: Sie werden zu einer wichtigen Firmenveranstaltung, einer Gala, einem Kaminabend, einem gesetzten Dinner oder einer informellen Zusammenkunft eingeladen werden. So wie den einen vor den Spinnen, dem Ekelfutter und der Kleiderordnung im Dschungelcamp, graust's den anderen vor den falschen Schlangen auf sozialen Events, den Hummergabeln bei gesetzten Essen und der Frage: »Was soll ich heute Abend bloß anziehen?«

Wenn Sie zu Letzteren gehören, dann hier die einfachsten Regeln fürs Überleben im gesellschaftlichen Dschungel. Denn ohne das geht's auch im Persönlichkeitsmarketing nicht.

Der Survival-Guide für das Businesscamp

//Regel 1: Grüßen

► Die Welt ist ein Hühnerhof, und die Hackordnung ist klar. Dem können Sie mit Charme und Ihrer Persönlichkeit ein wenig die Ecken nehmen, aber stellen Sie sich darauf ein, dass Sie in manchen Kreisen am richtigen Hühnerhofverhalten gemessen werden. Das fängt mit dem Revier an: Das höhere Huhn, Verzeihung – der Ranghöhere – wird von Ihnen gegrüßt. Wenn es sich passend ergibt. Zwar schreien Sie nicht »Guten Morgen« quer über den Parkplatz und wedeln mit dem hochgereckten Arm, wenn der Vorstandsvorsitzende einrollt, doch kommt ein freundlicher Gruß ohne Körperkontakt meist besser an als stieres Vorbeigucken, wenn man sich beispielsweise im Flur begegnet. Wie sieht es aber beim »Gruß mit Körperkontakt« aus? Händeschütteln beispielsweise. Auch hier kann nur die oder der Vorgesetzte beziehungsweise Ranghöhere entscheiden, ob er jemanden mit Handschlag begrüßt. Und zwar unabhängig vom Alter. Das gilt auch für das unter Männern manchmal noch übliche Arm- oder Schultertätscheln. Und: Die freie Hand wird nicht lässig in die Hosen- oder Jackentasche gesteckt!

//Regel 2: Andere vorstellen

Der Hühnerhof gilt auch als Anhalt beim richtigen Vorstellen: Es gibt eine Hierarchie. Grundsätzlich wird der Rangniedrige dem Ranghöheren, der Jüngere dem Älteren, ein Mann einer Frau (»der Herr der Dame«), der Ankömmling den Anwesenden vorgestellt. Bei dieser Vorstellung nennen Sie Vor- und Zuname, akademische und/oder Adelstitel sowie meist Position und Unternehmen oder Organisation, gegebenenfalls die Stadt oder das Land (der Niederlassung) der Person, die Sie vorstellen.

//Regel 3: Sich selbst vorstellen

Stellen Sie sich selbst einem Gesprächspartner oder einer Tischrunde vor, so immer mit Vor- und Zunamen, gegebenenfalls nennen Sie das Unternehmen. Keinesfalls jedoch zählen Sie Ihre akademischen Titel, Ihre Position oder Funktion im Unternehmen auf. Ausnahme: Wenn sich Mitarbeiter eines Unternehmens untereinander bekannt machen, dann werden Abteilung und/oder Funktion genannt. Was Ihren Namen betrifft: Sprechen Sie ihn gut verständlich und langsam aus, wenn Sie eine Eselsbrücke dazu liefern können, umso besser! So ersparen Sie dem Tischnachbarn das wiederholte Nachfragen oder das peinliche Falschaussprechen Ihres Namens. Und so bleiben Sie tatsächlich länger in Erinnerung – was Ihrem Persönlichkeitsmarketing nur entgegenkommt.

//Regel 4: Titel und Anrede

Wurde Ihnen eine(r) der Anwesenden mit akademischem Titel oder Adelstitel vorgestellt oder sind Ihnen diese bekannt, so werden Sie als höflicher Mensch diese Titel in der Ansprache nutzen. Im Allgemeinen wird ein(e) »TitelträgerIn« Ihnen nach kurzer Zeit einen Hinweis geben, dass das nicht mehr nötig ist. Bleibt das aus, können Sie übrigens Hinweise auf das Selbstbewusstsein und das Persönlichkeitsmarketing von Menschen erhalten, die sich an ihren Titeln »festhalten« oder sich damit darstellen müssen ...

Akademiker unter sich lassen die Titel im Allgemeinen im Gespräch direkt weg. Beim Angebot des Duzens – der Trend geht übrigens deutlich wieder davon weg – gelten wieder die alten Regeln: Der Ältere bietet dem Jüngeren das »Du« an, die Vorgesetzte der Mitarbeiterin. Gleichaltrige regeln es meist nach »gutem Gefühl«.

//Regel 5: Dresscodes

Sind Sie nicht sicher, wie »hoch eine Veranstaltung aufgehängt ist«, fragen Sie nach dem Dresscode. Bei speziellen Veranstaltungen ist dieser auf der Einladung vermerkt, ansonsten ist die Frage zulässig. Overdressed ist mindestens so peinlich wie »underdressed«, da die Tendenz sowieso zum »underdressed« geht. Wenn Ihr »Konzept« nicht gerade auf einer bestimmten Optik beruht, ist Mann mit einem Businessanzug mit weißem Hemd und Krawatte meist richtig beraten.

Frau trägt eine hochwertige Kombination in Schwarz (mittellanges Kostüm, Hosenanzug), die im Notfall noch schnell »aufgehübscht« werden kann.

Einfacher Tipp: In die Handtasche passen immer noch ein Glitzertop und ein auffälliges Schmuckstück. Das kann ein Choker sein, eine Perlenkette – Perlen werten auf sehr edle Weise auf –, eine große Brosche oder Ansteckblume, die für die nächste Zeit sehr modern sein werden, oder auch ein wertvolles Tuch. Haben Sie eine solche »Notfallausrüstung« im Büro, sind Sie sogar für den unvorhergesehenen Cocktail schnell passend angezogen.

Zweiter Tipp: Wenn Sie nicht ganz kurze Haare tragen, stecken Sie immer ein paar Haarnadeln oder eine Glitzerspange ein: Eine noch so simple Hochsteckfrisur sieht sofort feierlich aus und ist mit wenigen Handgriffen gefertigt.

Sind Sie overdressed, fliegt als Erstes der Schmuck. Stehen Sie als Einzige im langen Kleid da, (er)tragen Sie's mit Gelassenheit; die Menschheit hat dringendere Probleme. Ihr Begleiter hat's da leichter: Krawatte oder Fliege in die Tasche, Hemdknopf lösen, Sakko anlassen.

Dresscodes auf Einladungen:

- **»Black tie« oder »Cravatte noire«:**
  Wird teuer! Sie trägt Abendkleid, er Smoking.
- **»Habit noir«:**
  Leider sind hier weder Ihr schwarzer Humor noch Ihre rabenschwarze Lebenseinstellung gefragt, sondern hier können Sie zwischen Smoking und Frack wählen.
- **»White tie« oder »Cravatte blanche«:**
  Wird auch nicht günstiger: Frau trägt festliches Abendkleid, Mann Frack.
- **»Business casual«:**
  Übliche Geschäftskleidung. Frau trägt Kostüm oder Hosenanzug, Mann trägt Anzug.
- **»Casual« oder »Sport«:**
  Freizeitkleidung. Geht es um ein Sport-Wochenende oder ein Sport-Event, ist die Sportart entscheidend. Da gibt's dann wieder Sport-Kleidungsregeln, die Sie aber leicht im Internet nachlesen können.

//Regel 6: Bei Tisch

Zugegeben: Zwischen Australopithecus und Homo sapiens sapiens liegen vielleicht genauso viele Evolutionsstufen wie zwischen seiner Art, mit scharfen Zähnen Stücke noch zuckenden Fleisches von den Knochen erlegter Tiere zu reißen, und Ihrer Art, bei der Vielzahl der glitzernden Bestecke auf dem prachtvoll gedeckten Tisch vor Ihnen zusammenzuzucken. Aber es ist ganz simpel: Die Bestecke werden von außen nach innen benutzt, das äußerste Besteck ist also für die Vorspeise, ab da essen Sie sich einfach durch. Außerdem: Rechts befinden sich nicht mehr als vier, links nicht mehr als drei Bestecke, bei einem Menü mit mehr als sechs Gängen wird Besteck nachgereicht. Sollten Sie häufiger in den Genuss (oder Zwang) kommen, solche formellen Essen zu absolvieren, ist es vielleicht sinnvoll, einen der häufig angebotenen Etikette-/Ess-Kurse zu besuchen. Da gabeln Sie sich in einem halben Tag den »Hummerführerschein« auf.

//Regel 7: Alkoholgenuss

Sie brauchen nicht den Weinkenner zu geben – das ist Aufgabe des Gastgebers. Ihm gebührt auch der Probeschluck, den der Kellner (oder Sommelier) anbietet, selbst wenn Sie sich besser mit Weinen auskennen sollten. Und dann ist es recht einfach: Weißwein zu Fisch und hellem Fleisch, Rotwein zu dunklem Fleisch.

Die Klügere kippt nach – allerdings mit Wasser, das immer gereicht wird. Je nach Tagesform verträgt man deutlich weniger Alkohol, als man glaubt. Und das ist schon gar keine Entschuldigung für Fehlverhalten. Bei geschäftlichen Mittagessen wird allgemein zunehmend auf Alkohol verzichtet, da können Sie sich mit gutem Stil für die Apfelschorle entscheiden.

//Regel 8: Verhalten

Charme ist nicht Schleim: Bleiben Sie immer freundlich-verbind-
lich und begeistern Sie sich nicht an der Möglichkeit, dem bewun-
derten Vorstand, der anwesenden Künstlerin, dem neben Ihnen sit-
zenden Fernsehjournalisten Ihre Bewunderung einzusingen oder
der Frau des Chefs tief empfundene Komplimente zu übermitteln.
Charme heißt übrigens auch, alle Menschen, auch die weniger
attraktiven, offen-interessiert und aufmerksam zu behandeln.
»Lächeln ist die freundlichste Art, die Zähne zu zeigen.« Das heißt
für Sie: verbindlich bleiben – aber nicht zu vertraulich. Auch auf
Feiern dürfen Sie übrigens freundlich, aber bestimmt »Nein« sagen,
wenn jemand glaubt, Ihnen unter dem Deckmantel der Fröhlichkeit
in welcher Art auch immer zu nahe kommen zu müssen.

//Regel 9: Konversation

Smalltalk statt Shoptalk: Bei vielen Veranstaltungen ist beim offi-
ziellen wie beim inoffiziellen Teil das Businessgespräch unerwünscht.
Betrachten Sie vor allem ein geselliges Zusammentreffen nicht als
»Vertriebsmöglichkeit« für sich (oder Ihre Dienstleistungen und
Produkte). Bleiben Sie als faszinierende Gesprächspartnerin, als
charmanter Tischnachbar in Erinnerung – damit machen Sie mehr
»Werbung« für sich, als wenn Sie über Ihre Kompetenzen, das neue
Produkt oder die erfolgreiche Reorganisation Ihrer Abteilung berich-
ten. Visitenkarten: immer dabeihaben, aber bei einer informellen
Veranstaltung bloß nicht rumreichen. Welches Verhalten hierbei
und welche Themen beim Smalltalk üblich sind, hängt indes sehr
von den landesspezifischen Gewohnheiten ab. Da helfen Literatur,
eine Internetrecherche oder auch ein Kurs über interkulturelle
Kommunikation.

//Regel 10: Konvention

Wer nett und charmant ist, dem fliegen eh die Herzen zu. Und glauben Sie ja nicht, dass Sie der oder die Einzige mit ein wenig Unsicherheit sind. Verhalten Sie sich einfach wie ein höflicher Gast, dann kommen Sie auf jedem Parkett durch. Sie wurden bei der Einladung um Antwort gebeten: Dann antworten Sie! Seien Sie pünktlich, wenn Sie es trotz allen Bemühens nicht rechtzeitig schaffen, geben Sie kurz Bescheid. Begrüßen Sie die Gastgeber und lassen Sie sich vorstellen oder suchen Sie selbst kommunikativen Anschluss. Gehen Sie rechtzeitig; Sie müssen wirklich nicht helfen, die Stühle hochzustellen. Verabschieden Sie sich vorher bei den Gastgebern. War es eine private Einladung, freut man sich vielleicht über einen aufmerksamen Dank ein oder zwei Tage nach dem Event.

Was sonst noch auf Einladungen steht:

- R.s.v.p. (»Répondez, s'il vous plaît«) heißt das Gleiche wie U.A.w.g. (»Um Antwort wird gebeten«): also in jedem Fall antworten.
- U.A.w.g. bei Zusage: Melden Sie sich nur, wenn Sie teilnehmen möchten.
- s.t. (sine tempore): Hier müssen Sie auf die Minute pünktlich sein, sonst ist die Königin schon wieder weg oder der dicke Mann singt schon. Wird auch bei Konferenzen verlangt.
- c.t. (cum tempore): Hier ist das »akademische Viertelstündchen« erlaubt.
- p.m. (pour memoire): Ist ein höflicher Reminder an eine zugesagte Einladung.

Mit dem »Survival-Guide« haben Sie die richtige Handhabe für die optische Seite Ihres Persönlichkeitsmarketings. Doch die richtige Haltung ist wichtiger als die richtigen Manschettenknöpfe. Und das im doppelten Sinne. Kommen wir also zur:

Körpersprache als Ausdruck Ihrer I-dentity

»Die Menschen beurteilen alle Dinge nach dem Erfolg. Jeder sieht, was du scheinst, und nur wenige fühlen, was du bist.«
Niccolo Machiavelli (1469–1527), ital. Politiker u. Staatsphilosoph

► Nun ist mir Machiavelli nicht der liebste Zitatgeber, aber gehen wir davon aus, dass er hier Recht hat. Dann liegt es folgerichtig und authentisch im Rahmen des Persönlichkeitsmarketings an Ihnen, eine Übereinstimmung des Scheins mit dem Sein herzustellen. Denn dann wird Ihr Körper auch ausdrücken, was Ihr Geist meint, und die Menschen werden dies Ihrer Körperhaltung und -sprache entnehmen. Hier spielen insgesamt eine Reihe von psychologischen, anthropologischen und sozio-biologischen Parametern eine Rolle, die wir an dieser Stelle nicht im Einzelnen aufschlüsseln können. Aber gehen Sie einfach davon aus, dass die Menschen Ihrer Umgebung (immer noch) sehr feine Antennen für nahezu »unmerkliche« Gesten und Verhaltensmuster haben, die Sie unbewusst in unterschiedlichen Situationen ausführen. »Man kann nicht nicht kommunizieren« heißt es zu Recht, denn selbst das »beredte Schweigen« ist beredt.

Ihre
- Körperhaltung (Tonus, Positionen),
- Körpersprache (Augen, Haut etc.),
- Mimik,
- Gestik (Übersprunghandlungen),
- Stimme, Sprechmelodie, Lautstärke

... können selbst unter höchster Kontrolle »Geheimnisse« über Sie preisgeben. Und »höchste Kontrolle« wollen wir ja gar nicht – brauchen wir auch nicht, wenn wir in unseren (beruflichen) Handlungen im Großen und Ganzen mit unseren erarbeiten Werten im Einklang sind. Dieser authentische Selbst-Ausdruck zeichnet charismatische Menschen aus. Kinder beispielsweise drücken körperlich noch unmittelbar aus, was ihr Inneres ihnen vorgibt. Das ist für uns erwachsene »Versteller« oft unglaublich faszinierend, es übt eine starke Anziehung auf uns aus. Diese Anziehung – Attraktivität – strahlen eben auch charismatische Erwachsene aus, in deren Nähe man sich wohl fühlt. Es ist der körperliche Ausdruck und Eindruck der Persönlichkeit.

//Kongruenz des emotionalen und körperlichen Ausdrucks

Im Rahmen des Persönlichkeitsmarketings sollen Sie sich eben nicht als positiv beschriebene Verhaltensmuster antrainieren oder überprogrammieren, das wäre nur kontraproduktiv. Auch kontrollieren sollen Sie sich nicht – aber beobachten. Um zu sehen, wann Sie wie agieren und reagieren. Was ihr Körper ihnen auch »aus einer Situation zurückmeldet«. Dann können Sie aktiv(er) bestimmen, was er »in eine Situation hineinmelden« soll. Erinnern Sie sich an den Lächeltrick? Das geht auch mit dem ganzen Körper.

//Körpersprache positiv nutzen

Folgen wir Susanne Ehrlich, die sich im letzten Kapitel auf ihr berufliches Fortkommen vorbereitet hat, jetzt mal in verschiedene tendenziell unangenehme Situationen, die auch Sie kennen werden. Und beobachten wir, wie sie sich verhält.

01. Bewegung

Noch 10 Minuten bis zum Vorstellungsgespräch. Susanne soll auf dem Flur warten, wo eine Stuhlreihe steht. Sie stellt dort ihre Mappe ab und spaziert gestikulierend und murmelnd den Flur auf und ab.

Darum!

Ganz simpel: Bewegung bewegt. Bewegung ist ein Schlüssel zum Geist, zur Sprache und zur Verhandlung. Bewegung löst Blockaden, auch innerhalb des Körpers. Bewegung regt den Kreislauf und die Sauerstoffversorgung an. Bewegung löst Denkblockaden, der Geist wandert mit. Da müssen wir gar nicht vom regelmäßigen aeroben Sportprogramm anfangen: Selbst aus einer seelischen oder argumentativen »Klemme« hilft körperliche Bewegung. Nicht zuletzt deswegen begeben sich Politiker auf »Waldspaziergänge«. Bewegung bringt auch Bewegung in Verhandlungen.

Susanne hat sich mit ihrer Gestik zudem »warm gemacht« für das kommende Vorstellungsgespräch. Viele Menschen sitzen gerade dabei stocksteif, weil sie fürchten, dass ihre Gestik zappelig wirkt. Sie wirkt aber meistens lockerer und menschlicher als das verkrampfte Sitzen.

02. Begrüßung (Auftreten)

Endlich wird Susanne in den Raum gebeten. Sie steht einer Tischreihe gegenüber, hinter der sich eine Frau und zwei Männer »verschanzt« haben. Einer der Männer schaut sie sehr streng von unten her an. Susanne lächelt, legt den Kopf etwas schief und geht ohne Hast zunächst auf die Frau zu.

Darum!

Susanne hat sicher mehr gespürt als erkannt, dass der eine Gesprächspartner durch seinen geraden, starren Blick eine verhärtete Situation aufbaut. Sie reagiert unbewusst, wie es in ihrem »Programm« ist, lächelt und legt den Kopf ein wenig schief. Damit wird eine uralte, atavistische Unterwerfungsgeste angedeutet, die eine Art »Beißhemmung« auslöst. Susanne zeigt damit, dass sie keine Angst hat, aber auch nichts Böses im Schilde führt. Dann schüttelt Sie zunächst der Frau, dann den beiden Männern, die sich kurz erheben, die Hand. Der kurze und feste Händedruck von Susanne signalisiert Vertrauenswürdigkeit und Selbstsicherheit. Damit »liegt auf der Hand«, wie sie sich fühlt.

Achten Sie bei einer solchen Begrüßung darauf, den Gesprächspartnern kurz in die Augen zu blicken, besser noch: zu lächeln. Damit signalisieren Sie: Ich nehme dich wahr. Du bist hier nicht nur ein Stoppschild zwischen mir und meiner Karriere in diesem Unternehmen, du bist eine Person, zu der ich in dieser Situation eine Beziehung herstelle. Menschen, die dabei den Blick abwenden – und sei es nur aus Schüchternheit –, werden unbewusst unschöne oder verschlagene Motive unterstellt.

---

03. Sitzen

Nachdem alle wieder sitzen, nimmt auch Susanne Platz. Der Mann in der Mitte sitzt weit zurückgelehnt und hat das eine Bein sehr weit abgewinkelt am Knöchel auf das andere gelegt. Der andere Mann sitzt ganz vorne an der Stuhlkante, er verschränkt die Hände unter

der Tischhöhe irgendwie vor dem Schoß und hat die Schultern hoch-
gezogen. Die Frau sitzt bequem und aufrecht, hat die Beine parallel
gestellt und die Arme ganz locker vorne auf die Lehnen gelegt.
Susanne nimmt ebenfalls diese Sitzhaltung ein.

Darum!

Eine sichere, aufrechte Sitzhaltung mit angespanntem Muskeltonus
vermittelt Selbstsicherheit, Offenheit und Zugewandtheit. Das heißt
nicht, stocksteif auf der Stuhlmitte zu kleben, sondern sich mit leicht
gekipptem Becken aus der Körpermitte heraus nach oben »gerade
zu ziehen«. Mit der Stabilisierung des Beckens bleibt man von alleine
aufgerichtet. Die parallel stehenden Beine und die leicht geöffneten
Arme, die locker abgelegt sind, vermitteln Wohlgefühl in der
Situation, ohne überheblich oder arrogant zu wirken. Sie richten sich
zum Gesprächspartner und öffnen die Situation für diesen. Mit der
Einnahme der gleichen Körperhaltung tut Susanne unbewusst aber
noch etwas anderes: Sie »spiegelt« Haltung und Verhalten der Frau
und stellt so ein besonderes Einvernehmen zwischen beiden her. Wir
erinnern uns: Menschen empfinden Sympathie für Übereinstimmun-
gen in der »Zeichenwelt« des anderen.

Die Sitzhaltungen der Männer jedoch sind weniger kommunikativ:
Das »Alphamännchen« hat sich betont breit gemacht und markiert
erst mal sein Revier. Die zurückgenommene Körperhaltung mit den
verschränkten Armen kann Ablehnung, Abwehr der Situation bedeuten, muss aber nicht. Es kann auch eine Müdigkeitshaltung sein. Das
breit abgewinkelte Bein jedoch markiert das Revier und die (übertrie-
bene) Sicherheit. Übrigens: Wie hinter allen übertriebenen Gesten
kann sich auch hierhinter das genaue Gegenteil, nämlich überkom-
pensierte Unsicherheit, verbergen. Unsicherheit jedenfalls zeigt der
zweite Gesprächspartner, der sich auf seinem Stuhl keine feste
Positionierung verschafft und sich körperlich so klein macht, dass
man merkt, er würde am liebsten aus der Situation verschwinden.

04. Stehen

Zum Abschluss des Vorstellungsgespräches wird Susanne gebeten, einen kurzen Stegreifvortrag vor dem Plenum zu halten. Zunächst geht sie ein paar Schritte hin und her, dann stellt sie sich mit parallel ausgerichteten Beinen hin und verschränkt die Arme vor der Brust, wippt auf den Sohlen auf und ab. Nach kurzer Zeit löst sie die Arme wieder und lässt die Hände locker auf Bauchhöhe hängen, wo sie sie öffnet und hebt, während sie gestikuliert.

Darum!

Das Gehen kennen Sie bereits: Susanne sammelt ihre Gedanken und löst eine kleine »Panikblockade«. Als sie sich »versammelt« hat, findet sie ihren Standpunkt für den Stegreifvortrag. Dies vermittelt auch ihr Körper: Sie findet einen festen Stand-Punkt, hat mit beiden parallel gestellten Füßen gute Erdung, steht sicher. Kurz verschließt sie sich der Situation, eigentlich will sie diesen Test jetzt nicht. Dabei verschränkt sie unbewusst die Arme fest vor der Brust, geht in Abwehrhaltung. Die wippenden Sohlen verlieren den Halt, den sicheren Stand. Susanne fängt beides wieder auf, als sie zu reden beginnt und die offene Körperhaltung das Publikum zu ihr hinzieht.

Oft stehen Vortragende mit einem seitlich abgespreizten Bein vor dem Publikum. Das eine Standbein gibt aber nicht viel Halt, und das Spielbein kann gar nicht stützen. Sie sollten sich aber so viel Ruhe wie möglich verschaffen.

Achten auch Sie darauf, dass ihre Hände in Ruheposition vor dem Bauch »geparkt« sind, evtl. umschließen Sie locker die eine mit der anderen Hand. Aus dieser Position heraus können Sie gut gestikulieren, wobei die Schultern schön tief bleiben.

05. Reden

Während ihres Vortrages dreht Susanne ihren Kopf immer wieder
leicht von der einen zur anderen Seite. Sobald sie »zusammensinkt«,
richtet sie sich bewusst wieder gerader auf.

Darum!

Halten Sie bei einem Vortrag immer Blickkontakt mit dem Publikum.
Lassen Sie den Blick halbkreisförmig über das Plenum schweifen.
Bei großen Menschenmengen picken Sie sich einzelne nette Gesich-
ter heraus, die Sie direkt ansprechen können. Meist reagieren diese
Menschen mit Lächeln und signalisieren Bestätigung – die Ihnen
wiederum Sicherheit gibt. Diese Sicherheit zusammen mit der Sicherheit des Stand-Punktes und dem aufgerichteten Körper kommen
letztlich Ihrer Stimme zugute. Stimme transportiert Stimmung! Und
wenn Sie kieksen oder dünn und flatterig klingen, machen Sie damit
den Inhalt Ihrer Rede unglaubwürdig. Nutzen (und trainieren) Sie die
tiefen, vollen Lagen Ihrer Stimme, lernen Sie, mit der Lautstärke zu
spielen, langsam zu sprechen und die Töne auch mal nachklingen zu
lassen, und achten Sie immer auf eine abwechslungsreiche Intona-
tion. Das kann man alles üben! Gerade Frauen bereiten sich oft sehr
gut vor und wollen kompetente Inhalte vortragen, da ist es wichtig,
dass sie diese auch volltönend und hör-spannend vermitteln!

Immer wieder weisen sozio-psychologische Untersuchungen
darauf hin, wie ungemein wichtig es ist, WIE ein Inhalt präsentiert
wird; wichtiger, als WAS gesagt wird. Daher gehört dieses WIE zu
Ihrem erfolgreichen Persönlichkeitsmarketing, denn:

»*Wen das Auge nicht überzeugen kann, überredet auch der Mund
nicht.*«
Franz Grillparzer (1791–1872), öster. Dichter

► **Public Relations**

»Wenn Sie einen Dollar in Ihr Unternehmen stecken wollen, so müssen Sie einen zweiten bereithalten, um das bekannt zu geben.«
Henry Ford (1863–1947), amerik. Großindustrieller

Sie haben jetzt tolle Inhalte, Sie haben eine dazu passende »Verpackung«, Sie haben viele Möglichkeiten der Darstellung, jetzt geht es noch darum, Ihre I-dentity weiter an die Zielgruppen zu tragen, die sinnvollerweise davon und von Ihrer EVA, dem Mehrwert, den Sie mit sich bringen, erfahren sollten. Nennen wir es mal »Public Relations« – Öffentlichkeitsarbeit.

Wie auch immer Ihr Erfolgsinteresse aussieht – und hier gehen wir ja mal davon aus, dass Sie mit integrem Persönlichkeitsmarketing zu mehr Berufserfolg kommen möchten –, Sie werden kommunizieren (müssen).

Kommunikation ist alles – alles ist Kommunikation

► Unabhängig davon, ob Sie sich als Ein- und Aufsteiger im Unternehmen, als Ich-AGler oder Selbstständige auf dem »freien Markt« äußern – Sie werden an Ihren Worten gemessen werden. Taten sprechen zwar lauter als Worte – doch wie Sie sprechen, daran misst man Ihre Taten!

//Klare und aktive Kommunikation

»Wie soll ich wissen, was ich meine, bevor ich höre, was ich sage?« Das taugt für Witze – aber nicht für Ihre Kommunikation. Besonders (unsichere) Berufseinsteiger und, naja, Frauen tendieren häufig dazu, ihre Gedanken zu verbalisieren und quasi die Umwelt am Entstehen ihres Entschlusses teilhaben zu lassen. Nicht gut! Verschaffen Sie sich beispielsweise mit dem Satz »Verstehe ich Sie richtig, dass ...« eine »geistige Atempause«, wenn Sie diese benötigen, denken Sie in der Zeit nach ... und: Formulieren Sie klare Aussagen.

Kommunizieren Sie:
- Klar
- Positiv
- Zielorientiert
- Aktiv

Die 12 Regeln positiver Kommunikation

01. Ross und Reiter nennen: Wer tut was warum – und das ist selten »man« und auch nicht »es«.
02. Aktive Rede einsetzen, wo möglich: »'Klaus ist fleißig', bestätigt sein Lehrer«. Statt »Über Klaus wurde gesagt, dass er fleißig ist«.
03. Konjunktive vermeiden.
04. Füllsel und Verniedlicher streichen, besonders in der Schriftsprache. Kein: »War ja bloß so eine Idee.« »Nur meine Meinung.«
05. Weichmacher streichen wie: wahrscheinlich, möglicherweise, eventuell, relativ ...
06. Positiv kommunizieren: »und« statt »aber«, »dafür« statt »dagegen« (»Dafür, dass sich etwas ändert, werde ich ...« statt »Dagegen will ich ...«).
07. Motivierend kommunizieren: »schon« statt »erst« (»Sie haben ja schon die Ablage fertig ...« statt »Wie, Sie haben erst die Ablage fertig«).

08. Vermeiden Sie »harte Absager« wie »nein«. Verwenden Sie stattdessen »noch nicht« oder »so nicht«, dabei deutet sich sofort Verhandlungsspielraum an. »Totschläger« wie »ja, aber«, »trotzdem« vermeiden, heißt: »nein«. Besser: »Ich verstehe Sie, dass ... deswegen sollten wir/daher werden wir ...«

09. Geschlossene Fragen nur einsetzen, wenn Sie wirklich eine Entscheidung möchten – und bei rhetorischen Fragen. Je offener Sie fragen, je mehr Informationen erhalten Sie.

10. Handlungsorientiert kommunizieren: Verbinden Sie Aussagen mit Handlungsaufforderungen.

11. »Ich«-Botschaften statt »Du-Botschaften« senden: »Ich empfinde es so, dass ...« statt »Du machst das hier falsch«.

12. Gemeinsamkeit herbeiführen: möglichst oft mit »wir« eine stillschweigende Übereinkunft mit dem Angesprochenen herstellen.

//Smalltalk – breites Wissen und noch breiteres Lächeln

Smalltalk ist viel wichtiger, als man denkt ... und vor allem auch schwieriger! Das haben Sie vielleicht schon befürchtet, nachdem es im vorigen Kapitel angeklungen war. Auch wenn Sie wirklich Substanzielles mitzuteilen haben, leiten Sie es mit Smalltalk ein. Das gilt für ein Kontakt- ebenso wie für ein Vertriebsgespräch und für einen Event sowieso. Und in manchen Kulturkreisen geht ohne gar nichts! Smalltalk ist die Schmiere im Räderwerk Ihres Marketings.

b@w Das ist die schlechte Nachricht, wenn Sie zur brummeligen oder wortkargen Fraktion gehören. Die gute Nachricht: Smalltalk ist kein Hexenwerk, man kann ihn lernen. Die allerbeste Nachricht: Auch dafür finden Sie hier wieder eine kurze Checkliste, und im Internet-Workshop zu diesem Buch noch viel mehr Beispiele.

01. **Warum**

Der Hintergrund beim Smalltalk ist nicht, Zeit zu verschwenden, sondern die Gesprächssituation aufzulockern, ein oberflächliches Kennenlernen zu ermöglichen, Zeit zu geben und zu haben, damit sich beide (alle) Gesprächspartner in der Situation wohl fühlen. In manchen Kulturkreisen gehört Smalltalk aber bereits zum Ritual, da wird es als wirklich unhöflich empfunden, wenn man forsch aufs Ziel losstiefelt.

02. **Wie**

Smalltalk ist ganz simpel und unangestrengt, wenn Sie sich einfach auf Ihren Gesprächspartner offen einlassen. Wenn Sie sich ihm »als Mensch« zuwenden und nicht nur als Geldquelle oder »Gegenüber«. Entwickeln Sie Offenheit und Neugierde – was Interessantes ist an jedem Menschen. Vielleicht sogar was, das Sie interessieren wird.

03. **Was**

Der Einstieg kann wirklich eine Belanglosigkeit sein – von der Musik auf der Veranstaltung, vom Essen übers Wetter bis zu einem kleinen Scherz. Entscheidend ist, dass Sie so offen anfangen, dass sich ein Dialog entspannen kann. Menschen sprechen am liebsten über sich selbst: Daher eignen sich Beruf, Freizeit, Kultur und Hobbys gut als Themen. Suchen Sie einfach Anknüpfungspunkte aus Ihrer beider Leben. Sensibel ist das Thema Familie: Das können Sie antesten, achten Sie aber genau auf die Reaktion. Mancher reißt den Leporello mit den Kinderfotos aus der Tasche, anderen ist das Thema zu privat. Vermeiden Sie die heiklen Themen: Politik, Luxus (mein Porsche und das Pferd meiner Tochter), Sexuelles, Krankheiten, Unfälle und Religion.

04. **Weiter**

Wenn Sie Ihr Beziehungsmanagement ernsthaft betreiben, werden Sie alle möglichen interessanten, auch privaten Informationen aus einem Smalltalk festhalten. Und beim nächsten Telefonat, der halbjährlichen Sitzung etc. nutzen, um Ihrem Gesprächspartner, Kunden, Kollegen, Vorgesetzten eine Freude zu machen. Indem Sie zum Geburtstag gratulieren, nach den schulischen Erfolgen der Tochter fragen oder erzählen, dass Sie da doch was ganz Tolles gesehen haben, das ihn bestimmt interessiert, weil … Auch das gehört zum Persönlichkeitsmarketing – wie insgesamt das Management der Kommunikation.

Mit Persönlichkeitsmarketing ins Unternehmen

► Eine aktuelle Studie belegt es ganz klar: Immer mehr junge Hochschulabsolventen möchten Karriere im Unternehmen machen – und auch ältere Umsteiger suchen in schwierigen wirtschaftlichen Zeiten vermehrt den Aufstieg im Konzern. Angenommen, Sie gehören dazu – wie können Sie glaubwürdiges Persönlichkeitsmarketing im national oder international aufgestellten Unternehmen betreiben … und damit Ihre Karriere befördern?

//Kriterien für Ihre Karriere

IBM hat's herausgefunden: Es gibt drei entscheidende Kriterien für eine erfolgreiche Karriere:

01. Die Qualität der Arbeit
02. Der persönliche Eindruck, den jemand hinterlässt,
03. Der Bekanntheitsgrad im Unternehmen

So, und jetzt raten Sie mal, was davon wie wichtig ist! Die Qualität der Arbeit schlägt nur mit zehn Prozent zu Buche. Der persönliche Auftritt zählt zu 30 Prozent. Zu 60 Prozent hängt ein Karriere-sprung davon ab, wie gut Sie Ihren Chef auf sich aufmerksam machen können. Ja, da staunen Sie: Zu 90 Prozent hängt die Karriere nicht von der Qualität Ihrer Arbeit ab! Zu 90 Prozent hängt Sie von Ihrem Persönlichkeitsmarketing ab!

Und das wird besonders wichtig, wenn Sie sich anschauen, wie Ihr nächster Job wahrscheinlich vergeben wird: Nur etwa 35 Prozent aller verfügbaren Positionen werden öffentlich ausgeschrieben, so das Institut für Arbeitsmarktforschung. Und: Je qualifizierter der Job, den Sie möchten, desto unwahrscheinlicher die öffentliche Bekanntmachung. Heißt: Fast zwei Drittel aller Stellen, darunter die mit zunehmender Führungsverantwortung, werden »unter der Hand vergeben«; lange vor der Platzierung einer Stellenausschreibung sucht das Unternehmen in seinem eigenen Umfeld.

01. Als Berufsein- oder -aufsteiger heißt das für Sie: Nutzen Sie Ihr bisher erarbeitetes Kompetenzprofil, Ihren USP und die Strategien des Persönlichkeitsmarketings zur Vorstellung im neuen Unternehmen.
02. Als Um- oder Aufsteiger im Unternehmen betreiben Sie smartes Persönlichkeitsmarketing! Seien Sie zur richtigen Zeit am richtigen Ort.

//Persönlichkeitsmarketing bei Bewerbung und Einstieg

Unterscheiden Sie sich von Anfang an: Indem Sie Kontakte in Ihr Wunschunternehmen knüpfen, noch bevor Sie richtig in den Bewerbungslauf einsteigen. Das wird häufig Ihre Findigkeit fordern:

- Fragen Sie im Bekanntenkreis herum, ob jemand jemanden kennt ...
- Tragen Sie sich in relevante Online-Businessplattformen ein und suchen Sie gezielt nach Ansprechpartnern aus dem Unternehmen, die Sie über diese Plattform zunächst kennen lernen.

● Besuchen Sie Veranstaltungen und Messestände des Unternehmens und sprechen Sie Mitarbeiter (nicht die Hostessen) an. Bei Großunternehmen hält fast immer ein Mitarbeiter irgendwo einen Vortrag auf einer Messe oder einem Kongress. Hingehen, zuhören, ansprechen …

Manchmal macht ein Unternehmen es Ihnen aber auch leicht, indem es von sich aus Kontakte zu Mitarbeitern anbietet, die Ihnen perfekte Informationen und Zugänge verschaffen können. Glauben Sie nicht? Na, die abgebildete Website (mit freundl. Genehmigung von Goldman Sachs) ist nicht die einzige, die einen solch zuvorkommenden Service bietet!

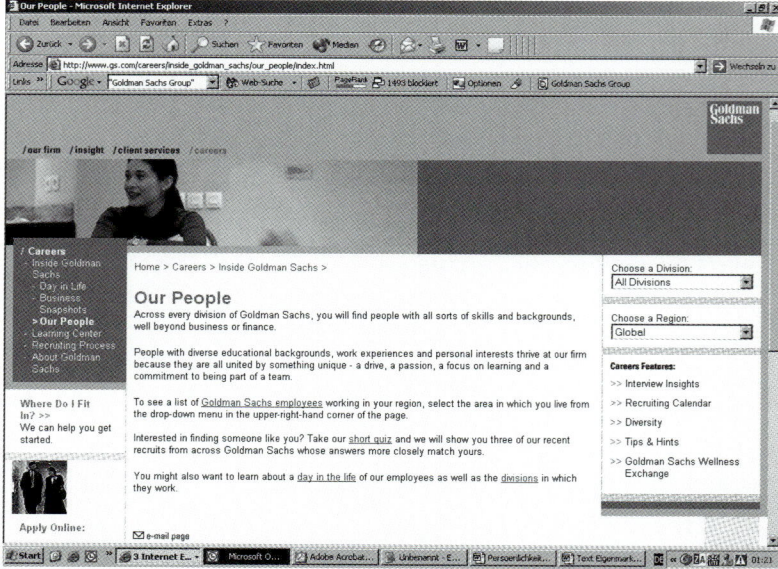

//Mit I-dentity ins Vorstellungsgespräch

Im Sinne des Persönlichkeitsmarketings verstehen Sie ein Vorstellungsgespräch als Interesse an Ihrer I-dentity. Und nicht etwa als Abwehrschlacht gegen das trickreiche Verhör der Personalverantwortlichen. Zeigen Sie im Gespräch Ihre Persönlichkeit! Dass man Sie für gut ausgebildet und kompetent hält, beweist schon, dass man Sie eingeladen hat. Jetzt geht es darum, dass Sie Ihre I-dentity auch leben!

Kurz: Vier Schritte haben Sie schon hinter sich gebracht:

01. Eigenes Kompetenzprofil und USP
02. Belege für Kompetenzen und beruflichen Ausbildungs-/Werdegang
03. Sorgfältige Recherche über das Unternehmen
04. Kommunikative Vorbereitung

Und im 5. Schritt geht's mal wieder um die richtige Kommunikation: Charmant und geschickt im Vorstellungsgespräch ... damit wir uns im nächsten Kapitel gleich das Persönlichkeitsmarketing IM Unternehmen anschauen können ...

Typische Frage	Ungeschickte Antwort	Geschickte Antwort	Ihre Antwort
Warum haben Sie sich gerade bei unserem Unternehmen beworben?	Bei der heutigen Marktlage muss man aktiv sein und deswegen habe ich viele Unternehmen angesprochen.	Ich habe mich ausführlich über die Stellenbeschreibungen (job descriptions) und erforderlichen Qualifikationen und Kompetenzen informiert. Die Struktur Ihres Unternehmens/ das Anforderungsprofil der ausgeschriebenen Stelle kommt meinen Erfahrungen/ Wünschen in ... entgegen.	
Wo möchten Sie in fünf oder zehn Jahren beruflich stehen?	Da möchte ich bei einem großen Unternehmen/internationalen Konzern/in meinem eigenen Unternehmen in einer Führungsposition stehen.	Das ist ein langer Zeitraum. Ich gehe gerne planvoll vor, deshalb strebe ich zunächst erweiterte Verantwortungsbereiche/Führungsverantwortung an. In fünf bis zehn Jahren sollte es möglich sein, den Karriereschritt zum ... zu vollziehen.	

Typische Frage	Ungeschickte Antwort	Geschickte Antwort	Ihre Antwort
Welche beruflichen Ziele verfolgen Sie bei uns?	Mittelfristig 75.000 Euro pro anno zu verdienen.	Ich möchte mich entwickeln und diese Entwicklung auch dem Unternehmen zugute kommen lassen. Sie investieren Vertrauen und Weiterbildungsbudgets in mich und ich möchte umfassendere Verantwortung übertragen bekommen, damit ich zeigen kann, dass Ihr Vertrauen sich lohnt.	
Was erwarten Sie von uns?	Da zu stehen, wo Sie jetzt sind. Vor allem einen sicheren Job. Überdurchschnittlichen Verdienst und einen Wagen aus dem Pool. Ach, das werde ich ja in den ersten Wochen sehen.	Ich brauche eine gute Einbindung in die Informationswege im Unternehmen und ich arbeite gerne in einem kompetenten, gut eingespielten Team. Das ist mir wichtig. Ich muss auch die Werte eines Unternehmens aktiv leben können – und die auf Ihrer Firmenwebsite genannten stimmen mit meinen überein.	

Typische Frage	Ungeschickte Antwort	Geschickte Antwort	Ihre Antwort
Wie sehen Ihre Gehalts-vorstellungen aus?	An was haben Sie denn so gedacht? Über Geld rede ich nicht gerne. Ach, jetzt kommen wir zum Schmer-zensgeld. Was wäre in dem Bereich denn so üb-lich?	Die ausgeschriebene Stelle liegt im Branchenschnitt im Rahmen von x Tsd. bis y Tsd. Euro. Wegen meiner Berufserfahrung/ umfassenden Ausbildung/direkt ein-setzbaren Sprach-kenntnisse in Kanton-Chinesisch/... (Ihr USP) bin ich sofort da und da einsetzbar. Daher halte ich ein Brutto-Jahresgehalt von z Tsd. Euro für angemessen.	
Wie gehen Sie mit Konfliktsitua-tionen um?	Also, ich bin ja schon früher ge-mobbt worden. Konflikten gehe ich grundsätzlich aus dem Weg.	Konflikte müssen ge-löst werden, denn sie lenken viel vorhande-ne Energie in die fal-schen Kanäle. Daher würde ich das Ge-spräch mit allen Beteiligten suchen. Ein Team kann nur im Konsens zusammen-arbeiten.	

Typische Frage	Ungeschickte Antwort	Geschickte Antwort	Ihre Antwort
Wie würden Ihre ehemaligen Kollegen/ Kommilitonen/ Praktikumsvorgesetzte Sie beschreiben?	Als lustig, spontan, gesellig und freundlich. Als strebsam, zielorientiert, ruhig. Da müssen Sie die schon selbst fragen. Ich will mich hier nicht selbst loben.	Ich denke, sie würden mich als engagiert und motiviert beschreiben. Meine Kollegen und Vorgesetzten würden auf die Bereitschaft zur Übernahme von Sonderaufgaben hinweisen – und ich denke, alle würden sich positiv über mich als zuverlässigen und kreativen Menschen äußern. Ich habe diese Feedbacks auch in mein Kompetenzprofil eingearbeitet.	
Jetzt mal ehrlich: Warum haben Sie Ihr voriges Unternehmen verlassen?	Im Vertrauen, da lief es nicht so recht. Der Chef ist ein totaler Choleriker, und dem Laden geht es auch wirtschaftlich nicht sehr gut.	Ich möchte meine Entwicklung weiterführen. Aufbauend auf meinen bisherigen Tätigkeiten als ... möchte ich umfassendere Verantwortungsbereiche haben und Auslandserfahrung/ Erfahrung in ... sammeln.	

Typische Frage	Ungeschickte Antwort	Geschickte Antwort	Ihre Antwort
Was war Ihr größter Erfolg?	Dass wir mit der Altherrenmannschaft Düsseldorf-Nord den Vereinscup gewonnen haben. Als ich meine jetzige Freundin kennen lernte.	Durch das von mir entwickelte Feedbacksystem für den Vertrieb/Außendienst wurden die Rückmeldungen viel präziser ausgewertet, was sich direkt in einer deutlich gesteigerten Kundenzufriedenheit äußerte.	
Was war Ihr größter Misserfolg und wie gingen Sie damit um?	Dass ich so viele Absagen bekomme, das macht mich richtig fertig. Oweih, da ist mir mal ein richtig dicker Klops unterlaufen, es hat aber keiner gemerkt, auch der Chef nicht.	Mir ist im Praktikum bei xy ein Fehler unterlaufen. Ich bin dann sofort zu meinem Ausbilder/Vorgesetzten/ Kollegen gegangen und habe es ihm gesagt. Es war dann gar nicht so schlimm, weil wir schnell reagieren konnten.	

Typische Frage	Ungeschickte Antwort	Geschickte Antwort	Ihre Antwort
Warum sollten wir uns für Sie entscheiden?	Ja, das weiß ich auch nicht so genau. Weil ich der Beste für Sie bin. Weil ich sehr schnell Karriere machen will und daher sehr zielstrebig bin.	Jetzt greifen Sie auf Ihren USP und Ihr Kompetenzprofil zurück. Damit ist es für Sie einfach, Ihren individuellen Vorzug für das Unternehmen zu formulieren ... und auf diese Frage müssen und werden Sie sich präzise vorbereiten.	

Tipp: Manche Unternehmen – wie in der folgenden Abbildung – veröffentlichen sogar präzise Leitfäden, die Sie zur Vorbereitung solcher Gespräche nutzen können. Durchsuchen Sie daher sorgfältig die Website Ihres Wunschunternehmens. Und selbst wenn Sie dort nichts finden: Vielleicht haben andere Unternehmen der gleichen Branche brauchbare Informationen bereitgestellt, aus denen Sie wertvolle Rückschlüsse ziehen und »Verhaltensregeln« entnehmen können.

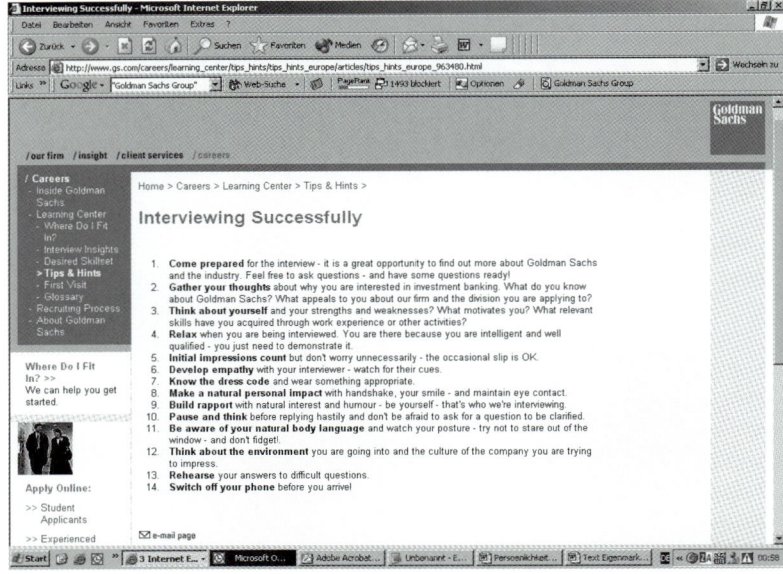

Tipp: Besonders gut sind solche Leitfäden geeignet, wenn Sie sich bei einem ausländischen Unternehmen oder Konzernzweig bewerben wollen. Die Erwartungshaltungen und Ansprüche von Personalern und Entscheidern sind wirklich teilweise von Land zu Land und sicher von Kulturkreis zu Kulturkreis sehr unterschiedlich. Schauen Sie im Internet nach, was man heimischen Bewerbern vor Ort rät.

Persönlichkeitsmarketing im Unternehmen

► Wie wir gesehen haben, müssen Sie sich einen gewissen Bekanntheitsgrad im Unternehmen verschaffen, wenn Sie möchten, dass Sie (aufgrund Ihrer I-dentity) vorankommen. Sie haben sich mit Ihrem Kompetenzprofil, Ihrem USP und Ihrer Wertebasierung alles erarbeitet, was Sie brauchen. Jetzt müssen Sie zeigen, wer Sie sind.

//Stimmige PR für Ihre I-dentity

01. **Beweisen Sie Ihren Expertenstatus.**
Sie haben Ihren USP definiert, Sie wissen, was Sie (Ihrem Unternehmen) an Mehrwert (EVA) bieten können. Da beides aus Ihren ureigensten Werten hergeleitet wurde, müsste es Ihnen ein Leichtes sein, authentisch vorzugehen.

02. **Zeigen Sie sich mit Ihrem Expertenstatus** (und, falls Sie sich dafür entschieden haben, Ihrem optischen Accessoire) auf möglichst breiter Bühne im Unternehmen. Dazu müssen Sie aktiv »Bühnen« suchen. Und das ist eigentlich immer da, wo mehrere Menschen aus Ihrem Unternehmen zusammenkommen.

03. **Gehen Sie zielorientiert, aber nicht einseitig vor.**
»Man merkt die Absicht, und man wird verstimmt« – das hat der Dichter gut zusammengefasst. Persistenz statt Penetranz! Zeigen Sie »Ihr EVA« den richtigen Personen, aber weder penetrant noch ignorant. Denn das heißt nicht, sich bei Vorgesetzten einzuschleimen und die Kollegen zu übersehen. Das funktioniert nicht mit Ihrer I-dentity.

04. **Suchen Sie sich Multiplikatoren im Unternehmen.**
Wie im Geschäftsleben »draußen« auch, brauchen Sie »Vertriebler«, »Agenten« oder »Agenturen« und Referenzgeber, die als »unabhängige Verkünder« fungieren. Es sind sozusagen Ihre PR-Leute, die positiv über Sie sprechen. Und das auch ernst meinen. Denn wieder: Im Persönlichkeitsmarketing geht es nicht darum, Menschen zu manipulieren oder zu funktionalisieren. Wenn Sie gut und authentisch sind, wird es Menschen geben, die tatsächlich gerne »bei den richtigen Stellen« positiv über Sie reden. Es ist nur so, dass Sie daran denken, dass Referenzgeber diese »Multiplikatorenfunktion« für Sie haben können – und dass Sie dies befördern. Das ist Empfehlungsmanagement in allerbester Form.

05. **Schließen Sie »PR-Vereinbarungen«.**

Freunde tun das oft, ohne darüber nachzudenken: Sie promoten sich gegenseitig und recht offensiv im Unternehmen – und sie informieren sich auch gegenseitig über alles, was für den Erfolgsweg des anderen wichtig sein könnte. Sie können das auch tun, wenn Sie darüber nachdenken.

06. **Initiieren Sie Beziehungsnetzwerke.**

Networking funktioniert immer nur, wenn es Menschen gibt, die Keimzellen bilden und Netzwerke auch aktiv pflegen. Sie können im (Groß-)Unternehmen Netzwerke spinnen, in denen Sie Mitarbeiter und auch Externe gemäß ihrer Interessen zusammenbringen. Das können auch soziale Netzwerke sein – in keinem Fall wird ausbleiben, dass man Sie positiv wahrnimmt. Und: Sie werden auch immer dann eine »Lobby« hinter sich haben, wenn Sie diese mal brauchen.

07. **Suchen Sie sich einen »Coach«** innerhalb oder außerhalb des Unternehmens und »coachen« Sie sich gegenseitig. Geben Sie und nehmen Sie konstruktives Feedback. Unterstützen Sie sich gegenseitig mit Ideen zum Persönlichkeitsmarketing. »Erden« Sie sich immer wieder. Weisen Sie sich auf Chancen hin: neue Kompetenzbereiche, neue Marketingtrends, Marktanalysen, Forschungsergebnisse, Studien ... und was man daraus machen kann.

08. **Kommunizieren Sie immer aktiv-positiv.**

Dass Sie Ihre Ideen wo möglich einbringen, ist klar. Sie wollen argumentativ auffallen: Sie nehmen regelmäßig an Sitzungen und firmeninternen Veranstaltungen teil, beteiligen sich aktiver als andere an Besprechungen – und zwar mit guten Argumenten und mit Charme. Besserwisser mag niemand leiden. Ist jemand anders befördert worden? Sie senden eine nette Glückwunschkarte, ebenso bei anderen positiven Ereignissen. So hört man Ihre Stimme – und immer positiv. Apropos Stimme: Wie aktiv-positiv Sie mit geschulter Stimme »rüberkommen«, wissen Sie ja schon ...

09. **Bauen Sie Ihr Kompetenzprofil weiter aus.**

Das gehört zwar mit ziemlicher Sicherheit sowieso zu Ihrer I-dentity und Ihrem Wertesystem. Aber so bringen Sie sich auch Ihrem Unternehmen immer wieder positiv ins Visier. Ihre Multiplikatoren werden schon darüber sprechen, wenn Sie sich privat weiterbilden – und Ihr Personaler wird mitbekommen, wenn Sie sich aktiv in die Firmen-Weiterbildungsmaßnahmen einbringen. Umgekehrt: Das sind auch Investitionen Ihres Unternehmens in Sie!

10. **Erfolg zieht Erfolg an – »Mentorship«**

Suchen Sie sich einen erfolgreichen Mentor im Unternehmen, wenn es geht. Werden Sie aber auch Mentor, wenn jemand von Ihnen lernen will. Unterbreiten Sie langfristige Verbesserungsvorschläge oder Konzepte. Zeigen Sie Verantwortungsbewusstsein. Im Persönlichkeitsmarketing gilt nicht: Hauptsache, man redet über mich. Es muss schon »redet gut« heißen. Bewahren Sie Ihr positives Image. Kalte Karrieristen mag niemand – engagierte Empathen schon.

Professionelle Medien für professionelle Arbeit

CI – Corporate Identity
Das Eigenbild eines Unternehmens in der Darstellung nach außen. Aspekte:

CD – Corporate Design
Legt die einheitliche visuelle Sprache fest: Logo, Symbole, Schriften und Farben, Leitlinien für Werbung und Verkaufsförderung.

CIm – Corporate Imagery
In dem Maße, in dem die Wichtigkeit der Bildkommunikation für Unternehmen erkannt wird, steigt auch der Anspruch an die CIm.

CC – Corporate Communication
Kommunikationscode eines Unternehmens; u.a. »Wording« für
Öffentlichkeitsarbeit, Mitarbeiter-Kommunikation, Werbung.

CA – Corporate Attitude
Fasst die erwünschten Verhaltensgrundsätze zusammen.

► Gleich, ob Sie sich als Ein-, Auf- oder Umsteiger im Unternehmen, als Aussteiger, Existenzgründer, Freiberufler oder Ich-AGler positionieren wollen, Sie werden Ihre Außen-Kommunikation professionalisieren.

//Höchst professionell und höchst-persönlich

Und auch gleich, ob Sie diese von einem Dienstleister gestalten lassen oder selbst entwickeln, bringen Sie auch hier wieder das »bisschen mehr persönliche Note« ein.

Tipp: Wenn Sie als Selbstständige oder als Existenzgründer selbst über Ihre Außen-Kommunikation entscheiden können, dann werden Sie im Sinne Ihres Persönlichkeitsmarketings Ihre komplette Kommunikationslinie mit einem Foto von Ihnen versehen. Menschen erinnern sich an Menschen, weniger an Schriften. Wie oft hören Sie: »An ein Gesicht kann ich mich noch nach Jahren erinnern, aber Namen vergesse ich sofort.«

Also: An den Menschen auf dem Foto auf Ihrer Visitenkarte erinnert man sich auch noch Wochen, Monate, ja, Jahre nachdem Sie die Karte überreicht haben. Dasselbe professionelle und sympathische Foto wird sich auf Ihrem Geschäftspapier, Ihren Flyern und Ihren Mailings wiederfinden – so erreichen Sie den größten Wiedererkennungswert und bleiben in Erinnerung.

Tipp: Und selbst wenn Ihnen als Firmenmitarbeiter nur geringe »Personalisierungsmöglichkeiten« der Außen-Kommunikation bleiben, können Sie ihr »Ihren Stempel aufdrücken«: Ähnlich wie ein optisches Accessoire (siehe Seite 092) wirkt eine besonders einprägsame Grußformel für alle Schreiben, eine typische Redewendung oder ein besonders herzlicher oder z. B. landestypischer Begrüßungssatz am Telefon (außer, dieser ist durch die CI Ihrer Firma festgelegt). Wenn Sie diesen wirklich immer verwenden, wird man Sie immer sofort daran erkennen. Positivbeispiel: »Ich würde mich wirklich freuen, Ihnen helfen zu können« – so hat mich eine Callcenter-Agentin angesprochen, die sich damit sofort aus all ihren Kolleginnen heraushob. Wieder gilt: Gewöhnen Sie sich nichts zwanghaft an, aber wenn es zu Ihnen passt, dann schaffen Sie sich doch ein schriftliches oder akustisches Wiedererkennungssignal.

Es gibt eine Reihe von Kommunikationsmedien und -mitteln, die Sie für sich nutzen können und die die Corporate Identity Ihres Unternehmens rsp. Ihre »Personal Identity« nach außen tragen:

- Visitenkarte – Geschäftspapier – elektronische Unterlagen
- Flyer – Folder – Broschüre
- E-Mail-Textbausteine und -Visitenkarten – Newsletter
- Produktfolder – Success-Storys (gedruckte Erfolgsgeschichten mit Kundenberichten/Referenzen)
- Fotomaterial
- Infokarten (freecards) – Giveaways
- Website – Verknüpfung mit Portalen – Partnerprogramme
- Buchveröffentlichungen (Expertenwissen)
- Contentkooperationen (Wissen gegen »Werbung«)
- Referenzen – Empfehlungsmanagement – Networking
- Ungewöhnliche Marketingmaßnahmen mit kleinem Budget, aber großem kommunikativem Output (so genannte »Below the Line«-Maßnahmen)
- Anzeigen – Werbung – Schilder – Außenwerbung
- Öffentlicher Expertenstatus
- Pressearbeit

... und über jedes davon kann man ein ganzes Buch schreiben.

Below-the-Line-Maßnahmen

Sammelbezeichnung für alle Formen der Werbung, die nicht in den klassischen Medien wie gedruckter Presse, Radio, Fernsehen, Kino und Außenwerbungsmedien betrieben werden. Dazu werden unerwartete Aktionen und unkonventionelle Produkte und Medien genutzt, um die »Übernervung« des Marktes mit Werbung zu umgehen. Oft wird mit Überraschungseffekten, (schwarzem) Humor und aufmerksamkeitserregenden Assoziationen gearbeitet.

Beschränken wir uns daher auf die drei Kommunikations»systeme«, die Ihnen mit kleinstem budgetärem Einsatz größtmöglichen kommunikativen Erfolg bringen: Expertenstatus, Beziehungsmanagement und Pressearbeit.

//Vorträge: Kommunikation des Expertenstatus

Sie haben in den voranstehenden Kapiteln herausgearbeitet, was Sie ausmacht, was Sie Besonderes können, was Ihr USP »der Welt bringt«, worin und womit Sie sich gut, sicher und »heimisch« fühlen. Sie werden sich vielleicht noch intensiver mit Kommunikation auseinander setzen. Sie gehen proaktiv auf den Markt, Sie haben Ihre Stimme (vielleicht sogar die trainierte), Sie haben was zu sagen: TUN Sie es!

Sowohl im eigenen Unternehmen als auch auf Kongressen, Veranstaltungen und Messen gibt es eine Vielzahl von Möglichkeiten, als Redner und Vortragende aufzutreten. Ja, das ist zunächst vielleicht eine Herausforderung. Aber eine, die Ihnen auch große Glücksmomente verschafft, wenn Sie sehen, wie Sie Ihr Publikum fesseln können. Eine, die dafür sorgt, dass man im eigenen Unternehmen schnell und positiv auf Sie aufmerksam wird. Eine, die

Ihnen ungeahnten Zugang zu Kontakten, Interessenten, Netzwerken verschafft. Das ist quasi ein Selbstläufer!

PS: Sie müssen mit Ihrem Expertenwissen demnach kein Buch schreiben oder an PR-Arbeit denken, Sie können es aber. Jedes gedruckte Wort wird Ihren Expertenstatus weiter ausbauen. Wird mehr Menschen auf Sie und Ihre Themen aufmerksam werden lassen.

//Erfolgreiches Beziehungsmanagement

Beziehungsmanagement – das heißt nichts anderes, als die Kommunikation von Geschäftspartnern so auszurichten, dass sie von beiden Seiten emotional-freudig betrieben, möglichst lange aufrechterhalten und positiv nach außen getragen wird. Ein Netzwerk zu schaffen und/oder einem bestehenden institutionalisierten Netzwerk beizutreten, ist ein Aspekt. Innerhalb dieses Netzwerkes geht es nicht nur darum, sich gegenseitig wirtschaftlich interessantes Wissen zukommen zu lassen (Auftragsbörsen, Kooperationen, Vertriebsgemeinschaften), sondern auch darum, sich möglichst intensiv und fachgerecht auszutauschen. Dabei wird natürlich auch »moralische Unterstützung« geleistet.

//Business-Clubs und Online-Netzwerke

Ein institutionalisiertes Netzwerk (Business-Club, Handelsplattform) zeichnet sich immer dadurch aus, dass es dem Wettbewerb der Einzelnen enthoben ist, d. h., alle Mitglieder dieses Netzwerkes sind um fairen Austausch von Informationen oder am fairen Nutzen des erhöhten Leistungsangebotes des Netzwerkes bemüht (oder sollten es zumindest sein). Dabei gibt es brancheninterne und branchenübergreifende Netzwerke, solche, die eher als Wirtschaftsclub, solche, die eher als Wissenschaftsforum, und solche, die eher als Einkaufs- oder Handelsgemeinschaft ausgerichtet sind. Jedes davon ist ein potenzielles Forum für Ihr Persönlichkeitsmarketing und ein großer Multiplikator.

Übung: Im Folgenden finden Sie eine Reihe von Business-Netzwerken, die für Sie interessant sein könnten. Darüber hinaus gibt es überall online wie vor Ort noch eine Vielzahl lokaler, regionaler, geschlechts-, themen- und branchenspezifischer Wirtschaftsclubs und Netzwerke, in denen Sie sich engagieren und deren Verknüpfungen Sie nutzen können. Recherchieren Sie drei, die für Sie infrage kommen, und legen Sie eine Kriterienliste zur Entscheidung an.

01. _____

02. _____

03. _____

Tipp: Entscheiden Sie sich aber nur für eines davon – sonst wird Ihnen das Beziehungsmanagement über den Kopf wachsen. Fast alle Netzwerke haben Probezeiten: Schauen Sie sich genau an, ob das gewählte das richtige für Sie ist. Denken Sie auch mal an Ihre alten Kumpel: In Alumni-Netzwerken unterstützt man sich heute zunehmend weiter!

Netzwerke und Wirtschaftsclubs
- Open Business Club: www.openbc.com
- Weiteres Business-Netzwerk: www.cap-up.de
- Wirtschaftsjunioren Deutschland e.V.: www.wjd.de
- Auf Empfehlung eines Mitglieds: www.rotarier.de
- Auf Empfehlung eines Mitglieds: www.lions-clubs.de
- Ingenieure: www.vde.de
- Bundesverband Deutscher Volks- und Betriebswirte: www.bdvb.de
- Deutscher Manager-Verband: www.dmvev.de
- Alumni: http://www.alumniclubs.net
- Networking berufstätiger Frauen: www.feminity.net

- Netzwerken im ganzen Bundesgebiet: www.jetztwerk.de
- Handwerker: www.handwerk.de
- Internet-Dienstleister: www.iworker.de
- Meeting Plus: www.meeting-plus.de

Der Einsatz: Meist nur geringe Gebühren, die Grundfunktionen dieser Online-Netze sind oftmals gebührenfrei. Der eigentlich geforderte Einsatz ist kommunikativer Art: Kontakte geben und Informationen beitragen.

//Empfehlungsmanagement: Multiplizieren Sie Referenzen

Jede Referenz (positive Aussage, Testimonial) und jedes Mal, wenn Sie an einen Neukunden, einen Interessenten, ein Arbeitsteam oder einen Ausschuss empfohlen werden, macht jemand für Sie – aus Überzeugung! – positive Kommunikation. Er unterstützt Ihr Persönlichkeitsmarketing. Und so unterstützen Sie es:

- Sie sind Dienstleister: Fragen Sie bei jedem Kunden frühzeitig, womöglich noch vor Abschluss des Projektes, mindestens zwei Empfehlungen nach.
- Sie sind Produktanbieter. Wenn es sich nicht um kurzfristige Produkte handelt (man kann nicht ernsthaft nachfragen, wer noch alles »Brot« gebrauchen kann), fragen Sie mindestens zwei Empfehlungsadressen nach.
- Will der Empfehlungsgeber selbst den Kontakt informieren, so fragen Sie nach einiger Zeit nach. Ansonsten kontaktieren Sie die erhaltenen Adressen innerhalb von zwei Tagen.
- Geben Sie eine Rückantwort an den Empfehlungsgeber nach dem ersten Kontakt mit dem Neukunden, sagen Sie nochmals Danke. Oft fällt dem Empfehlungsgeber dann noch ein weiterer Interessent ein.

- Sie sind angestellt oder Freiberufler/Produzent: Erbitten Sie immer eine schriftliche Referenz – vom Teamleiter, Abteilungsleiter, Kunden. Lassen Sie sich bestätigen, dass Sie diese zu kommunikativen Zwecken nutzen dürfen.

- Wenn es für Ihren Kunden zu zeitaufwendig erscheint, eine Referenz zu formulieren, dann bereiten Sie einen kurzen positiven, aber nicht zu überschwänglichen Satz vor. Die wenigsten Kunden werden sich weigern, diesen »freizugeben«.

- Nutzen Sie diese Referenzen für Ihr Persönlichkeitsmarketing! Sie können sie auf jeder gedruckten Kommunikation unterbringen, auf der Website – sogar seitlich als »Infokasten« auf Ihrem Briefpapier. Nichts hat mehr Glaubwürdigkeit und ist persönlicher!

Pressearbeit: Die Experten-Kür

► Die Experten-Kür ist in doppeltem Sinn zu verstehen: Sinn macht Pressearbeit nur, wenn Sie sich mit Ihrem USP wirklich als Expertin/Experte positionieren und über Ihr Expertenthema was zu erzählen haben. Und Pressearbeit ist Expertenarbeit, wenn sie zur Kür werden soll. Das ist nämlich eine sehr anspruchsvolle Arbeit. Aber eine, die sich lohnt, denn wenig wird Sie weiter bringen als die glaubwürdige und kostenlose Promotion über den Multiplikator Presse hin zu Ihrem Zielpublikum.

//Gute PR-Arbeit löst Probleme der Redaktionen

Professionelle PR-Arbeit – das heißt vor allem, die Bedürfnisse der Journalisten, der Fachpresse, der Zeitungen und der Branchenmagazine zu kennen, zu verstehen und ihnen entgegenzukommen. Kurz formuliert: Transparenz herstellen und Wissen anbieten. Fragt man Journalisten – und das wurde im Rahmen einer Studie getan –, dann sagen sie auch, was nichtprofessionelle PR-Arbeit ausmacht: Sie werden überschwemmt mit nichts sagenden Presseaussendungen voller Selbstlob, aber ohne Nutz- rsp. Neuigkeitswert. Sie erhalten Rundbriefe mit fertigen Fachartikeln, die sie nicht nutzen können, da sie häufig weder exklusiv sind noch den aktuellen Themenbedarf treffen. Was schlicht daran liegt, dass die Versender – Anbieter mag man da ja gar nicht sagen – sich nicht für ihre Informationsbedürfnisse interessieren. Ein österreichischer Fachjournalist sprach konkret von zwei Anrufen, die ihn im ganzen Jahr erreicht hätten! Und dass ein Anbieter dann nicht für eine Redaktion als Experte für ein Thema zu erkennen ist, liegt auf der Hand. Redakteure verschaffen sich aber auch gerne die Sicherheit, die ihnen das Fachwissen eines »anerkannten« oder »bekannten« Experten verschafft.

Professionelle PR = Problemlöser
Journalisten haben drei große Probleme:
01. Sie müssen ständig neue Themen finden, die sie ihren Kunden, den Lesern, gut verkaufen können – und ihrem anderen Kunden, dem Redaktionsleiter oder Chefredakteur, den sie zuvor überzeugen müssen. *Ihre Problemlösung: Liefern SIE leserbezogene aktuelle Themen mit hohem Nutz-, Anwendungs- und/oder Unterhaltungswert – und zwar, nachdem Sie in der Redaktion den Informationsbedarf nachgefragt haben.*

02. Sie arbeiten ständig mit sehr begrenzten Ressourcen, wobei die kostbarste oft die Zeit ist. Ihr werden viele Themen-Entscheidungen geschuldet. ***Ihre Problemlösung:*** *Liefern SIE qualitäts- und zeitorientiert. Halten Sie Deadlines ein. Am Redaktionsschluss ist nicht zu rütteln. Seien Sie damit schneller als Wettbewerber! Liefern Sie vor allem auch Bildmaterial, Fotos und Grafiken mit. Damit lösen Sie ein weiteres Ressourcenproblem von Journalisten.*

03. Sie sind ständig gefordert, sowohl Generalistentum als auch höchstem Fachwissen gerecht zu werden. Dabei sollen sie in kürzester Zeit Fakten recherchieren, Hintergründe verstehen, Zusammenhänge einordnen. ***Ihre Problemlösung:*** *Reduzieren SIE Komplexität. Machen Sie den »Kittelbrennfaktor« für die Leserschaft einer Redaktion gleich deutlich. Liefern Sie klare Informationen zusammen mit verständlich aufbereiteten Hintergründen. Steuern Sie Grafiken, Statistiken und Infokästen bei. Aber überlassen Sie die Evaluierung dem Journalisten. Sie sind Wissensanbieter, nicht Besserwisser.*

Daher baut professionelle PR-Arbeit einen klaren Expertenstatus auf. Sie löst zudem die drei zentralen Probleme jeder Redaktion, jedes Journalisten (siehe Kasten) – dann ist sie auch außerordentlich erfolgreich. Außerdem erfüllt sie hohe journalistische und ethische Anforderungen. Der ständige Kontakt mit den Medien ist erforderlich. Wenn man dies nicht professionell selbst leisten kann oder will, dann sollte man sich externer Unterstützung bedienen.

Übung: Stellen Sie Ihren Experten-Themenkatalog auf! Formulieren Sie jeweils einen Titel und eine kurze Zusammenfassung (abstract), was an Ihrem Thema einen Journalisten interessieren könnte. Beachten Sie dabei die »drei Problemlöser« und die unten abgebildeten journalistischen Grundregeln. Wenn Sie mehrere gute Themen beschreiben können, sollten Sie den Schritt zur Pressearbeit wagen. In jedem Fall haben Sie damit auch hervorragendes Rüstzeug für Ihre Expertenpositionierung als Vortragender oder Kongressredner an der Hand!

text und relatio agentur

Berücksichtige die journalistischen Grundregeln:

Nachrichtenwert (Nachrichtenfaktoren)

Anwendungs-, Nutzwert (Zielgruppenorientierung)

Journalistische Formen

Stil / Sprache medien- und zielgruppengerecht

Fotomaterial (digital & analog anbieten),

Grafiken, Erläuterungen

Quellenangaben, Zitate

Verlange und zahle kein Geld (Abdruck)

Mache Deine Interessen klar

Kommuniziere offen, kompetent und fachkritisch

Gewähre Zugang zu Quellen und Materialien

//Externe Unterstützung für Ihr Persönlichkeitsmarketing

Häufig werden Sie nach dieser Übung zu dem Schluss kommen, dass Sie Ihre PR-Arbeit mithilfe einer spezialisierten Agentur verbessern wollen. Prinzipiell gibt es immer zwei Möglichkeiten, die richtige Kommunikationsagentur für Sie zu finden: auf Empfehlung und nach einer Suche auf dem Markt (Marktscan), die Sie heute leicht über das Internet betreiben können. Wenn Sie nun einige potenziell interessante Kandidaten gesammelt haben, dann brauchen Sie ein Set an Kriterien, nach dem Sie selektieren können:

- Seriosität und Glaubwürdigkeit
- Journalistische und Themenkompetenz (in Ihrem Expertengebiet)
- Sichtbarkeit im Markt (Ergebnisse anderer Kunden)
- Nachweis von Medienkontakten
- Ständige Betreuung muss sichergestellt sein (»Ein-Mann-Agenturen«)
- Fokussierung der Agentur auf Kernmärkte: Wer alles will, erreicht zu wenig(e)

- Fokussierung auf Kernkompetenzen: Wer kein Experte ist, kann keinen Experten aufbauen
- Nachprüfbare Referenzen fordern! ... Und auch nachprüfen!
- Clippings (Abdrucke) zeigen lassen: Abdruckfrequenz & Zielgruppen-Relevanz der erreichten Medien hinterfragen
- Prozesse und Umsetzung abfragen: Wie wird PR betrieben, dokumentiert und evaluiert
- Planvolles Vorgehen: Konzeptstärke!
- Philosophie (Selbstverständnis) und Ziele (Definition »PR-Erfolg«): abgleichen!
- Mitgliedschaft in anerkannten Vereinigungen oder Netzwerken: externe Qualitätskontrolle
- Veröffentlichung von kommunikationswissenschaftlichen Beiträgen: auf dem neuesten Stand

Letztlich ist eins noch besonders wichtig: PR-Arbeit ist ein »Vertrauensgut«. Daher müssen Sie gut und längerfristig mit der Agentur zusammenarbeiten können. Achten Sie also darauf, ob die »Chemie« und die Arbeitsphilosophie stimmt!

Tipp: Erarbeiten Sie mit der Agentur einen zielgerichteten Kommunikationsplan, den Sie mit Budgets, Erwartungszielen und Milestones (Zwischenzielen) versehen. So können Sie nach definierten Zeiträumen den RoPR (Return on Public Relations, quantifizierbarer Erfolg der PR-Maßnahmen) für sich bestimmen.

► **Persistenz und Perpetuierung**

»Der Schlüssel zum Erfolg sind nicht Informationen.
Das sind Menschen.«
Lee Iacocca (*1924), amerik. Topmanager

Ganz unbestreitbar hat Iacocca da Recht! Und worauf passte das besser als auf den Erfolg Ihres Persönlichkeitsmarketings, das Sie als Mensch in den Mittelpunkt stellt und die Menschen Ihrer Umwelt adressiert?!

Persistenz: Dauerhaftes Persönlichkeitsmarketing

► Doch um den Erfolg zu erleben, müssen Sie ihn irgendwie messen können. Im Rahmen Ihrer Berufsbiografie und evtl. Ihres Kommunikationskonzeptes haben Sie »Messpunkte« erarbeitet, Ziele, die Sie in einer gewissen Zeit und mit einem gewissen Aufwand erreichen wollen. Das ist Ihre Definition von Erfolg.

//RoP: Return on Personality-Marketing

Sie können sich in gewissen Abständen, beispielsweise sechs Monaten, hinsetzen und – am besten schriftlich – nachverfolgen, wo Sie jetzt stehen. Welche Ziele Sie erreicht, welche Kompetenzen Sie entwickelt, wem Sie sich bekannt gemacht haben. Wie sich Ihr Kompetenz-Quotient entwickelt hat!

So eine eigene »Feedbackrunde« ist eine sehr gute Sache – weil Sie sich dabei auch immer wieder mit den Übungen und damit auch Ihren Werten und Kompetenzen auseinander setzen werden. Und dabei werden Sie merken, dass sich sogar innerhalb eines halben Jahres Änderungen ergeben haben. Dass Ihre I-dentity lebt – genau wie Sie! Dass Sie diese Änderungen vielleicht auch umsetzen wollen. Einen neuen Wert stärker leben oder eine neue Kompetenz stärker hervorheben.

Tipp: Die meisten Menschen überschätzen, was sie an einem Tag oder in einer Woche erreichen können. Aber sie unterschätzen gewaltig, was sie in einem Jahr oder gar fünf Jahren erreichen können. Nutzen Sie dafür Ihre Werte- und Zielplanung.

Wenn Sie präzisere Zahlen wollen, dann können Sie auch mit der einfachen RoI-Formel arbeiten. Damit berechnen Sie den Return on Investment, also den Ertrag, den eine Maßnahme Ihnen gebracht hat.

Diese Formel ist recht einfach:

$$RoI = 100 \times \frac{\text{Summe aller Nettoerträge einer Maßnahme}}{\text{Summe aller Kosten einer Maßnahme}}$$

Jetzt gilt es für Sie, die Kosten (Budget, Zeit) den »Earnings« gegenüberzustellen. Das werden Sie sinnvollerweise nicht in Nettoerträgen tun (wobei man das sehr gut in Einzelbereichen kann), sondern Sie werden den Grad der Erfolgserreichung nutzen.

Und dann vielleicht ins Benchmarking gehen. Denn Sie werden aus Ihrem ersten halben Jahr und nächstem halben Jahr viel lernen, was Sie immer weiter nutzen werden.

I-dentity: Ein Konzept fürs Leben

»Der Erfolg liegt im Mut zum Extrem und in der Beharrlichkeit zur Mitte. Ohne Vorstöße in neue, in höhere Quantenbahnen ist der Rückschlag wahrscheinlich, und die sichere Mitte verbürgt allenfalls Mittelmäßigkeit.«
Hans L. Merkle (1913–2000), dt. Topmanager

► Was Sie sich bisher – und in Begleitung dieses Buches – erarbeitet haben, das ist ja mehr als eine Marketingidee. Es ist die Bewusstmachung Ihrer authentischen Persönlichkeit in Rahmen des Eigen-Konzeptes der I-dentity.

Vieles davon wird in Ihnen »geschlummert« haben, wie es auch in vielen anderen Menschen schlummert. Der Unterschied ist, dass Sie sich so intensiv damit auseinander gesetzt haben wie wohl nur wenige.

//Vom Markt-Vorsprung zum Bewusstseins-Sprung

Das wird Ihnen vor allem – sollte aber nicht nur – einen Marktvorsprung verschaffen. Sei der Markt der allgemeine oder auch Ihr Unternehmen.

Es wird Ihnen aber auch einen »Lebensvorsprung« verschaffen. Weil Sie ständig präsent haben werden, was Sie sich bereits an Kompetenzen erarbeitet, welche Intelligenzen Sie bereits entwickelt, welche Ideen Sie bereits umgesetzt haben. Genau das aber ist gemeint mit Perpetuierung.

Denken Sie nochmal an den Lächeltrick zurück. Wenn Ihr Gesicht lächelt, dann lächelt auch Ihr Bewusstsein. Ihr Verhalten bestimmt Ihre Verhältnisse. Ihre Einstellung bestimmt Ihr Einkommen. Ihre Selbst-Vorstellung bestimmt Ihre Selbstdarstellung.

Und was glauben Sie, was passiert, wenn Sie Ihre Werte, Ihr Können, Ihre Kompetenzen und Ihre Ziele ständig und gut definiert pa-
rat haben? Eben: Sie werden das (Selbst-)Bewusstsein haben, sie zu
erreichen. Weil Sie wissen, dass Sie sich auf Ihre I-dentity verlassen
können.

Bar-On, Reuven
BarOn emotional quotient-inventory. EQ-i; a measure of emotional intelligence.
North Tonawanda, NY [u. a.]: Verlag MHS, Multi-Health Systems, 2004.

Buzan, T./ Buzan, B.
Das Mind-Map-Buch.
Frankfurt: mvgVerlag, 2002.

Covey, Stephen R.
Die effektive Führungspersönlichkeit. Management by Principles.
Frankfurt/NY: Campus, 1997, 2. Auflage.

Erpenbeck, J./Heyse, V.
Die Kompetenzbiographie. Strategien der Kompetenzentwicklung durch selbstorganisiertes Lernen und multimediale Kommunikation.
Münster etc.: Waxmann, 1999.

Gardner, Howard
Intelligenzen.
Stuttgart: Klett-Cotta, 2002.

Goleman, Daniel
EQ2. Der Erfolgsquotient.
München: dtv, 2000.

Kirckhoff, Mogens
Mind Mapping. Einführung in eine kreative Arbeitsmethode.
Offenbach: GABAL, 2004.

Hornung, Markus/Fiedler, Irena
Emotionale Intelligenz und Kontaktverhalten.
In: B. Bl. 1/99, S. 23ff.

Hornung, Markus
Ist doch nur ein Film! Wie die Verwendung emotionaler Killerphrasen
das Anerkennen von Emotionen verhindert.
In: DGSL-Rundbrief, 1/04, o. Jg., o. S.

Molcho, Samy
Körpersprache im Beruf.
München: Goldmann, 1997.

Scherer, Hermann (Hg.)
Von den Besten profitieren, Bd. I–IV.
Offenbach: GABAL, 2001.

Von Oech, Roger
Der kreative Kick.
Paderborn: Jungfermann, 1997, 2. Auflage.

Weiterführende Literatur z. B. zu den Themen Busiquette, Erfolgs-
rhetorik und Bewerbung finden Sie im **book**@**web-**Internet-
Workshop.

Es wird Zeit,
Junge Karriere zu testen.

Gerade jetzt sollten Sie wissen, welche Unternehmen Ihnen gute Ein- und Aufstiegs-chancen bieten. Lesen Sie jetzt Junge Karriere und erfahren Sie, wo Sie noch inter-essante Jobs mit Perspektive finden und wie Sie sie bekommen. Sie sparen 35% und erhalten als Dankeschön für Ihr Interesse die trendige Visible Alarm Clock, die Sie in jedem Fall behalten können.

Ihr Geschenk!

Visible Alarm Clock
Transparente
LCD-Uhr im top-
modischen Design

**Junge
Karriere**

Das Job- und Wirtschaftsmagazin
für Berufstätige, Absolventen und
Studenten.

Verlagsgruppe Handelsblatt, Kasernenstraße 67, 40213 Düsseldorf

Ihre Vorteile

> Sie sparen 35%
> Ein Geschenk gratis
> Sie testen ohne jedes Risiko
> Lieferung frei Haus

☒ **Ja, ich lese 4 x Junge Karriere für nur 7,80 Euro** (inkl. MwSt. und Versand, Inland). Ich spare damit 35% und erhalte Junge Karriere jeden Monat pünktlich und bequem frei Haus gelie-fert, Dazu erhalte ich als Geschenk die Visible Alarm Clock.

Name, Vorname

Straße, Haus-Nr.

PLZ, Ort

Telefon (für eventuelle Rückfragen)

X
Datum, Unterschrift

KII68

Wenn mich Ihr Angebot überzeugt, beziehe ich Junge Karriere auch weiterhin zum Vorzugspreis von 2,70 statt 3,- Euro pro Heft (Inland). Andernfalls schik-ke ich Ihnen spätestens I Woche nach Aussendung des dritten Heftes eine form-lose Nachricht.

Ausfüllen und faxen an: 09 11.27 48-333 oder per Post an Junge Karriere Vertriebsservice, Postfach 37 47, 90018 Nürnberg